三分做事 七分做人

全集

SanFenZuoShiQiFenZuoRen

陈 玲／著

新世界出版社
NEW WORLD PRESS

图书在版编目(CIP)数据

三分做事七分做人全集 / 陈玲著. —北京:新世界出版社,2007.10
ISBN 978-7-80228-466-1
Ⅰ. 三… Ⅱ. 陈… Ⅲ. 人生哲学—通俗读物
Ⅳ. B821 -49
中国版本图书馆 CIP 数据核字(2007)第 157330 号

三分做事七分做人全集

作　　者:陈　玲
责任编辑:陈　玮
责任印制:李一鸣　黄厚清
出版发行:新世界出版社
社　　址:北京西城区百万庄大街 24 号(100037)
发行部:(010)6899 5968　(010)6899 8733(传真)
总编室:(010)6899 5424　(010)6832 6679(传真)
http://www.nwp.cn
http://www.newworld-press.com
版权部: +8610 6899 6306
版权部电子信箱:frank@nwp.com.cn
印刷:北京嘉业印刷厂
经销:新华书店
开本:710×1000　1/16
字数:360 千字　印张:21.75
版次:2011 年 10 月第 2 版　2011 年 10 月第 4 次印刷
书号: ISBN 978-7-80228-466-1
定价:39.00 元

前 言

俗话说，三分做事，七分做人。事实也充分证明，决定人生成败的三分在做事、七分在做人，人生的一切成功归根结底都是做人的成功，人生的一切失败归根结底都是做人的失败。

人生一世，一是做人，二是做事。

在做事与做人之间，做事是能力，做人是品德，做事三分，做人七分，讲的是德重于能；做事是外因，做人是内因，做事三分，做人七分，讲的是内决定外；做事是目的，做人是根本，做事三分，做人七分，讲的是本立道生。

归根结底，做人与做事是密切关联、相辅相成的，二者不可偏废。失去了做事，做人无从谈起。失去了做人，做事南辕北辙。

只有在做事中才能体会做人的道理，同样，只有在做人中才能体会做事的意义。

一把坚实的大锁挂在铁门上，一根铁杆费了九牛二虎之力，还是无法将它撬开。钥匙来了，它瘦小的身子钻进锁孔，只轻轻一转，那大锁就“啪”地一声打开了。

铁杆奇怪地问：“为什么我费了那么大力气也打不开，而你却轻而易举地就把它打开了呢？”

钥匙说：“因为我最了解它的心。”

“因为我最了解它的心”，这话可谓一语中的。小小的钥匙之所以能打开坚实的大锁，凭借的不是它的力气，而是它对锁心的了解。

人与人之间的交往，亦是如此。

一个人，人际交往能否如鱼得水、出门办事能否游刃有余，在很大程度上不在于他花费的力气有多大，而在于他是否了解人心，是否懂得人心。

前言

生活中，许多人都有着这样的困惑：勤勤恳恳地工作，却不被领导重视；好心好意地助人，却不被他人感激；语重心长地劝说，却让对方心生怒火；想方设法地迎合，对方却越来越冷漠……

如此费力不讨好或付出没有回报，原因在哪里呢？

在于不了解人际关系的心理学，不懂得为人处世的潜规则。

只有了解人心、把握人心，你才能了解他人的真正需要，从而投其所好，赢得他人的好感，获得他人的支持；只有了解人心、把握人心，你才能知晓人性的弱点，从而以心攻心，化敌为友、转危为安。

本书重在传授你“三分做事，七分做人”的攻心策略，并非单纯的做事技巧，亦非空洞的做人理念，而是将做人寓于做事之中，通过一件件具体的事情来阐述做人的道理。可以说，本书是一把开启事业与人生成功的钥匙，不仅带给你解读人心的意外惊喜，还教给你说话办事的实用技巧和为人处世的深刻道理。

目录 Contents

1 第一章 聪明做人，智慧做事

2 第二章 说话办事，滴水不漏

3 第三章　欲擒故纵，以柔克刚

4 第四章　胆大心细，有备无患

目录 Contents

5 第五章 揣摩心理,对症下药

6 第六章 韬光养晦,深藏不露

第七章　嘴上留情，脚下有路

第八章　低调做人，进退自如

目录 Contents

11 第十一章　巧妙迎合，左右逢源

12 第十二章　地低成海，人低成王

第一章

聪明做人，智慧做事

一个人不管有多聪明，多能干，背景条件有多好，如果不懂得如何去做人、做事，那么他最终的结局肯定是失败。做人做事是一门艺术，更是一门学问。很多人之所以一辈子都碌碌无为，那是因为他活了一辈子都没有弄明白该怎样去做人做事。

1

对小错可予责备，对大错则尽量若无其事

为什么对小错要予以责备，对大错则要若无其事呢？

因为，对于小错，人们多半并不在意；对于大错，则会很在意，甚至惶恐不安。如果犯了大错的人知道因此要遭受严重惩罚，肯定会更加不安，采取一些冒险的举动来逃避惩罚也是很常见。

比如，一个职员，不小心被人骗了一大笔货款，他寝食不安。领导知道后，大发雷霆，威胁他，如果追不回货款，就让他去坐牢，他可能原本没想到逃跑，可因为害怕领导让他去蹲监狱，便携款潜逃了。

如果他遇到的是一位开明的领导，出事后，非但没有责备他，反而安慰他，他还会想到逃跑吗？多半不会，通常，他会想尽一切办法减少公司的损失，哪怕把自己的所有的家当都贴上，永远给公司打工以弥补损失！

不论是谁，一旦犯了大错误，都会是满脑子的自责。这个时候，与其去斥责他倒不如去激励他，这样，反省很快就会转化为对你的感激。

在生活中，我们常常遇到最常见也是最拙劣的批评方法：无论下属或子女犯什么样的错误，管理者或父母一概以一种同样的调子大发雷霆。

就人类的心理特性而言，一旦习惯于某种状态，就很难再从中产生积极性和创造性。不论大错小错，都会遭受雷霆攻击的下属或子女，最终会形成一种认为任何错误无非是“错误——大发雷霆”、“错误——大发雷霆”的机械性反

应,久而久之,他们会认为,反省是多余的,他们会静静地等候暴风雨的来临与过去。暴风雨一旦过去,他们则认为其错误已经受到惩罚,已经不必要再为错误承担心理负担,反而不思悔改。

要知道,斥责的目的是为了起到警醒的作用,提醒犯错的人下次不再犯了。如果斥责起不到警醒的作用,甚至起反作用,斥责又有何必要呢?

聪明的管理者和父母应该知道如何利用下属与子女的过错。

对于平日的小过错,哪怕是由于粗心造成的无关紧要的错误,也要严厉指出,这样可以从细节上达到规范的目的;而对于下属所犯的大错误,却故意视而不见,甚至还要有意安慰、鼓励下属或子女。只有这样,小错才能警示人,大错才能激励人。

在这方面,日本松下公司的松下堪称楷模。

原三洋电机公司副董事长后藤清一投奔松下公司后提任厂长,这个工厂突然失火烧掉了。后藤清一内心十分难过和恐慌。心想:这次大火烧了工厂,作为厂长的他责任难免,“不被革职也要降级”了。不料,松下幸之助接到报告之后,只对他说了四个字“好好干吧”!

松下为什么这样做呢?人们都很不理解。过去即使只是打电话的方式不当这样的小事,后藤清一也会受到松下严厉的斥责。可这次却对犯了大错的后藤清一却无所谓似的。

其实,松下这么做,是有道理的。他懂得人们小错不在意,大错太在意的心理。

如果他严厉地斥责后藤清一,说不定后藤清一想不开,离开了公司,自杀了也未必不可能。到头来,工厂损失更大。

相反,如果不斥责,反而装作若无其事的样子,安抚了后藤清一忐忑不安的心不说,还让他心生愧疚,发奋努力,弥补过失。

果然如松下所料,工厂被烧,后藤清一没有受到惩罚,心怀愧疚,对松下更加忠心效命,并以加倍的努力工作来给予回报。

有些管理者觉得员工犯了小错不要紧,认为犯一点错就责备员工过于严厉了。其实责备员工才是真正的爱护员工。员工在被责备的过程中,学会辨别是非,学会区分哪些事情是好的、哪些事情是坏的,员工才能有实质性的进步。只有认认真真地责备员工,才算得上是称职的管理者。

当然，责备之后的善后工作非常重要，直接关系到责备效果的好坏。

有些管理者责备员工之后，觉得批评得过火了，心理过意不去，反而去向员工道歉，这是最要不得的做法，会起到相反的效果。因为像这样以自己的道歉来否定自己的责备，会被员工瞧不起，管理者也会逐渐失去了权威。员工会认为批评指责只不过是管理者的一时感情冲动而已，而忘记了自己有被责备的原因。如果管理者真的意识到责备过火了时，可以说“我批评过火了”，但此时一定要附加“但是”，来强调责备员工本身是对的，不让员工认识到这一点，特意进行的管教也便失去了效果。

还是以松下先生为例。

有一天，松下先生得知后藤清一犯了点小毛病后如烈火般地盛怒，他一边用捅炉子的火棍梆梆地敲着地板，一边训斥。可是当他训斥完了之后，马上又把敲弯了的火棍给后藤清一看，说：“拼命地训斥的时候，把火棍弄得弯成这个样子，你能不能给我弄直？”当后藤清一把将火棍弄直后，他又呵呵地笑着说：“啊，你的手还是很巧的，弄比原来还好。”后藤清见此情景一下子消了气，也放弃了刚刚冒出来的想辞职的念头。

人际关系的心理学

对小错和小错，人们往往在意大错，忽视小错。而符合心理学的作法则相反，对于小错，哪怕是由于粗心造成的无关紧要的错误，也要严厉指出；而对其所犯的大错误，最好故意视而不见，甚或有意安慰、鼓励。只有这样，小错才能警示人，大错才能激励人。

为人处世的潜规则

2

当对方情绪激动时，以从容不迫的态度来应对

有一天晚上，几名警官在街上执勤，持传票逮捕了一名年约 16 岁的轻罪嫌疑人。当时已是凌晨 3 点钟，那男孩子的母亲站在门廊上大骂脏话。

在这些警官中，有一位经验老到的执法人员，名叫隆纳。他把男孩子带进警车之后，又朝着男孩子的母亲走去。

男孩的母亲一直在喊叫，吸引了十几个愤怒的围观邻居。他们被警察搞得没法睡觉，在他们心目中，警察只会骚扰无辜小孩。这时候，他们围住警车，虽不说话，但让人感觉形势不妙，似乎一触即发。

其他的警官正在暗暗地担心，只见隆纳警官朝着孩子的母亲走去，脱掉他的帽子夹在腋下，并从口袋里掏出一张名片，说："太太，听我说，我是某某部门的隆纳警官，我逮捕你的儿子是奉命行事。我有法院的传票，假如我不逮捕他，法院会逮捕我，不过你的孩子罪很轻，请放心，太太！

"我不怪你生这么大的气，因为我也有一个儿子和你儿子同年，换了我，我也会生气，不过明天早上他就会被释放。听我说，别在外面站一整夜，回去休息休息，明天一早到警察局来，有必要的话带你的朋友、律师一道来，那时候你的孩子应该已经讯问完毕，你也可以和他说话了。

"还有，如果警察局里有人和你过不去，你打分机找我，我会替你解决，你应

该不会再遇到任何麻烦了，晚上好好休息吧！”

孩子的母亲就站在门廊上，双手叉腰，听着隆纳警官的讲话，突然间，她张口结舌，停止了滥骂；除了谢谢，一句话也说不出来了。

说完最后一句话，隆纳警官转身走开，把帽子戴上，上了车。警车启动，孩子的母亲眼睁睁地看着警车开走，一直道着谢。

作为母亲，儿子戴着手铐坐在车后，她竟然心存感激！人的心理可真是奇怪得很！

其实，从心理学的角度来看，这并不奇怪，隆纳警官采用的是化“兴奋”为“冷静”的心理战术。依照心理学观点，打击对方咄咄逼人的气势的最佳方法，是以冷静从容的态度应对。

实践也证明，如果对方怒气冲冲，你若认真地大肆宣扬你的论调，反而会激发对方的兴奋情绪。这时，你不妨故意以慢腾腾的动作、言语来打乱对方的阵脚，削弱对方的气势。

受到你缓慢行事的节奏影响，对方往往会慢慢地冷静下来。等到对方的火气渐渐消了，你便掌握了谈话的主动权，事情也就容易解决了。

在现实生活中，以从容冷静的态度来应对怒气冲冲者或急火攻心者的情况大有存在。

比如接收 110 或 119 的警方人员或消防人员，他们受过专业训练，面对十万火急的状况，通常能以从容不迫的口气与报警人对话。因为他们的从容不迫，问题的解决有了一个良好的开始。

假想一下，当我们要通报犯罪及火灾的情形时，多因着急而语无伦次。这个时候，如果负责接听的人以着急的口气回应：

“什么！失火了！在哪里？那糟了！好的好的。我马上去！电话号码！喔！不不，你把地点告诉我！”

如果是以这样的口气通话，我们往往会急得连地址都说不清楚。

相反，如果负责接听的人以从容不迫的口气来应对，我们就会受其影响而冷静下来。

当然，在一开始，也许我们会非常生气，认为情况如此紧迫，对方竟如此悠闲。不过，随着通话的进行，我们会逐渐冷静下来，理清思路，组织语言，从而做出较为准确的叙述。

以从容不迫的态度应对情绪激动者，这一方法也适用于日常的工作中。

如果一位同事听信了谣言，对你产生了误会，冲进办公室对你大吼大叫，这时，你千万不要以牙还牙，不妨以从容的态度、平缓的语气向他询问事情的起因。

如果你手下的员工受到了委屈，跑到你的办公室哭哭啼啼，你一定不要高声地说“怎么了，怎么了”，你不妨先示意她坐，再沉默一小会，让她自己安静下来。

如果一位客户对公司产品不满意，暴跳如雷地前来抗议，你绝对不要企图以巧妙的口才说服他，你只需用平和的态度、不慌不忙的动作，可平息他的激动，等到他冷静下来，再去了解他的意见和意愿。

如能这样，即使是面对“狂风暴雨”，你也能很好地控制事态，使其不至于恶化。最终，事情便会朝你所期待的良性方向发展。

——人—际—关—系—的—心—理—学——

化“兴奋”为“冷静”的心理战术：以冷静从容的态度打击对方咄咄逼人的气势。用心理学观点，如果对方怒气冲冲，你若认真地大肆宣扬你的论调，反而会激发对方的兴奋情绪。反之，故意以慢腾腾的动作、言语去应对，可削弱对方的气势、打乱对方的阵脚，掌控局势。

——为—人—处—世—的—潜—规—则——

3

避免直接向对方说“不对”，假借“自言自语”

某会计师事务所的一位部门经理，性格内向、不善言辞，却是一个管理高手。在下属面前，他威信很高，对于他的要求，下属总是竭力去做。

奇怪的是，他从不指名道姓地批评下属。当然，这并不表示他对下属的行为一概赞同。只不过，面对下属的失误或不良行为，他有自己的处理方法，那就是“有意识地自言自语”。

比如说几位下属在工作时闲谈，他不会直接过去指责下属“这是工作时间，不是让你们来闲聊的”，相反，他会小声地嘟囔“早一些把事情处理完，不就可以早点轻松吗！”

如果迟到的人不少，他不会在办公室大喊大叫“一次迟到扣一百，超过三次就没有年终奖了”，他会一边自言自语地说着“大家能不能来得稍微早一点儿呢”，一边在办公室内来回转悠。

如果夏天冷气开得太猛了，办公室内寒气逼人，有的同志已经在打喷嚏了。在这种情况下，他不会向别的经理那样怒吼“要凉快回家凉快去，这不是冰窖，是办公室！”。他会做出一副感觉很冷的表情，摸摸双臂，自言自语地说一句：“真凉啊！”还未等他说完，已经有人去把空调的温度给调高了。

假借“自言自语”指出对方的不对，这的确是一门非常有效的心理战术。

因为人人都有这样的心理：不喜欢被人指责，不愿被人强迫去做事情。

如果是长辈、上级或资历优于自己的人发出指令，要求你改变某种行为，出于尊重、畏惧的心理，你只有遵从，但你的内心一定是不大痛快的。

如果是平级的同事、家人或者下属，直白地要求你改变行为，你可能会反对、抗拒，拒绝执行。说不定，你们之间还会为此发生口舌大战。

如果对方换一种方式，不直接对你说，而是像那位部门经理那样，自言自语的表达他对你的行为的看法与期待，你还会怒火中烧吗？多半不会！

首先，对方用“自言自语”代替“厉声指责”，不会让人觉得他很强势，似乎他的意见可以听，也可以不听；

其次，“自言自语”隐藏了他的不满，避免了你的反感。“自言自语”让人觉得，对方并非指责你的过失，而是希望你有更好的表现。这样，你还会生气并拒绝改正自己的行为吗？想来也不会。

或许这一心理技巧看上去很消极，但用于指责对方的“不对”时，往往可以发挥意想不到的效果。

尤其是那些即使你劈头盖脸地大声呵斥却同样会无动于衷的家伙，较之与他面对面地直接说，不如故意对他暧昧地自言自语，反而能够产生好的说服效果。

哪怕是稍微触及到他的“不”，他也多半会意识到这个自言自语是冲着自己来的。通常，他会有所回应。即使没有立马改正，他也会暗自检讨自己是否有些过分了。

有些聪明的父母，规劝儿女时，就是运用这一技巧。

大多数为人父母者都面临这样的问题：孩子长大以后，不再听他们的劝导。有的孩子逆反心重，每次父母一开口劝导，孩子就把脸偏向了一边，有的甚至大声回敬“你不懂”之类的话，让父母哑口无言，伤心无奈。

不过，有的父母却很聪明，他们不直接教训孩子，而是采用自言自语的方式。

“如果现在开始做作业，十点钟就可以上床睡觉了。”父亲说。

结果，孩子看看自言自语的父亲，关掉了电视、打开了书包、取出了作业本。

“要是少吃点冰的东西，胃就会好受些。”母亲说。

结果，孩子吃完手里的那块西瓜，把桌上的冰冻酸奶放回了冰箱。

“要是浴缸总是干干净净的就好了。”母亲说。

结果，孩子每次用了浴缸，都会自觉地打扫干净。

“电视要是小声点，就好了！”父亲说。

结果，孩子虽然一声没吭，但电视的声音却渐渐变小了。

这些事例都说明了一个道理：要想让对方意识到自己的“不对”并自觉改正，不必高声责备，你只需要保持平和的心态，以冷静的态度，“自言自语”，说出规劝的话语。

——人—际—关—系—的—心—理—学——

“自言自语”心理战术：谁都不喜欢被人指责。假借“自言自语”指出对方的不对，往往能产生良好的说服效果。尤其是对那些即使你劈头盖脸地大声呵斥也无动于衷的家伙。

——为—人—处—世—的—潜—规—则——

4

克服心理定势，切忌以点代面，用老眼光看人

下面是一个脑筋急转弯：

一位公安局长在路边同一位老人谈话，这时跑过来一位小孩，急促的对公安局长说："你爸爸和我爸爸吵起来了！"

老人问："这孩子是你什么人？"

公安局长说："是我儿子。"

请你回答：这两个吵架的人和公安局长是什么关系？

这一问题，在100名被试中只有两人答对！后来对一个三口之家问这个问题，父母都无法及时回答出来，孩子却很快答了出来："局长是个女的，吵架的一个是局长的丈夫，即孩子的爸爸；另一个是局长的爸爸，即孩子的外公。"

对如此简单的问题，为什么那么多成年人解答不了，反而不如小孩子呢？

因为，按照成人的经验，公安局长应该是男的，从男局长这个心理定势去推想，自然找不到答案；而小孩子没有这方面的经验，也就没有心理定势的限制，因而一下子就找到了正确答案。

用心理学的术语来说，这种现象揭示的是"定型效应"。

所谓"定型"，是指在人们头脑中存在的，关于某一类人的固定形象。"定型效应"便是由此所产生的影响。是指人们在见到他人时，常常自觉地根据人的外表行为特征，结合自己头脑中的定型，对人进行归类，以此来评价一个人。

比如，人们常说北方人豪爽大气，南方人含蓄多情，说商人奸诈狡猾，教授文质彬彬……但事实上，并不一定如此。

一个人，在思考和解决问题时会出现“定型效应”，在认识他人、与人交往的过程中也容易受心理定势的影响。

苏联心理学家曾做过这样一个经典的关于“心理定势”的实验：研究者向参加实验的两组大学生出示同一张照片，但在出示照片前，向第一组学生说：这个人是一个十恶不赦的罪犯；对第二组学生却说：这个人是一位大科学家。然后他让两组学生各自用文字描述照片上这个人的相貌。

第一组学生的描述是：深陷的双眼表明他内心充满仇恨，突出的下巴证明他沿着犯罪道路顽固到底的决心……

第二组的描述是：深陷的双眼表明此人思想的深度，突出的下巴表明此人在科学道路上克服困难的意志……

对同一个人的评价，仅仅因为先前得到的关于此人身份的提示不同，得到的描述竟然有如此戏剧性的差距，可见心理定势对人们认识过程的巨大影响！

归根到底，形成这种现象是因为在人际交往过程中，我们没有时间和精力去和某个群体中的每一成员都进行深入的交往，而只能与其中的一部分成员交往，因此，我们只能“由部分推知全部”，由我们所接触到的部分，去推知这个群体的“全体”。

客观地说，“定型效应”既有积极的作用，也有消极的影响。

它的积极作用在于它简化了我们的认识过程。因为当我们知道他人的一些信息时，常根据该人所属的人群特征来推测他所有的其他典型特征。这样虽然不能形成他人的正确印象，但在一定程度上可以帮助我们简化认识过程，节省很多时间和精力。

但同时，心理定势也存在负面效应。一方面，束缚我们的思维，让我们只用常规方法去解决问题，而不求用其他“捷径”突破，因而也会给解决问题带来一些消极影响。

另外，以点代面，用固定的眼光看人，容易产生判断上的偏差和认识上的错觉，阻碍我们正确地认知他人。

中国古代寓言故事《疑人偷斧》，揭示的就是这种现象：一个猎人丢了一把斧子，他怀疑是邻居偷的。他看到邻居后，越看越觉得邻居像个小偷，他走路的样子、说话的神气、干活的背影，就连他的笑容也都透着贼气。第二天，斧子找到了，原来是自己不小心给丢在了山坡上。这时他再去看邻居，怎么看也不觉得邻居像个小偷了。

身在职场，一方面我们要尝试着利用"定型效应"的积极作用，更准确地判断身边的同事的性格类型以及企业文化，更快地溶入周围环境中。另一方面，我们更要警惕"定型效应"消极影响，减少判断和决策的失误。

——人—际—关—系—的—心—理—学——

"定型效应"：是指人们在与人交往的过程中，易受心理定势的影响，根据人的外表行为特征，结合自己头脑中的定型，对人进行归类，以此来评价一个人。该效应既有积极的作用，也有消极的影响。一方面可以简化认识过程，另一方面可能束缚思维，让我们只用常规方法去解决问题，而不求用其他"捷径"突破。

——为—人—处—世—的—潜—规—则——

5

避免“投射效应”，不以自己的标准去判断对方

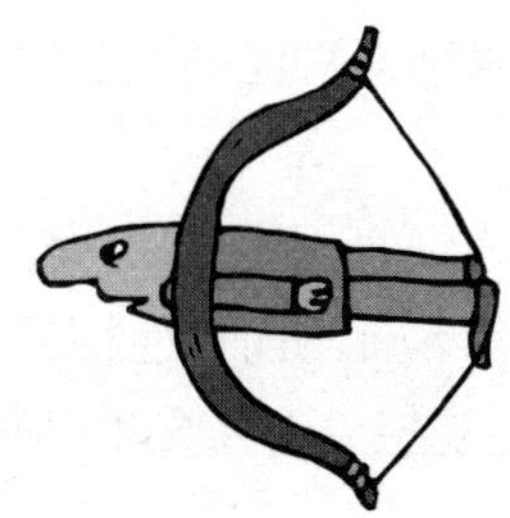

有这么一个笑话：

一天晚上，在漆黑偏僻的公路上，一个年轻人的汽车抛了锚——汽车轮胎爆炸了。

年轻人下来翻遍了工具箱，也没有找到千斤顶。怎么办？这条路半天都不会有车子经过。他远远望见一座亮灯的房子，决定去那个人家借千斤顶。可是他又有许多担心，在路上，他不停地想：

“要是没有人来开门怎么办？”

“要是没有千斤顶怎么办？”

“要是那家伙有千斤顶，却不肯借给我，该怎么办？”

顺着这种思路想下去，他越想越生气。当走到那间房子前，敲开门，主人一出来，他冲着人家劈头就是一句：“他妈的，你那千斤顶有什么稀罕的?!”

主人一下子被弄得丈二和尚摸不着头脑，以为来的是个精神病人，就“砰”地一声把门关上了。

心理学上称这种现象为“投射效应”。即在人际认知过程中，人们总是潜意识地假设他人与自己有相同的倾向，把自己的特性投射到他人身上。

比如自己对某社会现象不满，总以为别人也这样，这也是我们平常所说的

"以己之心，度人之腹"。

心理学家罗斯做过这样的实验来研究投射效应，在80名参加实验的大学生中征求意见，问他们是否愿意背着一块大牌子在校园里走动。结果，48名大学生同意背牌子在校园内走动，并且认为大部分学生都会乐意背，而拒绝背牌的学生则普遍认为，只有少数学生愿意背。可见，这些学生将自己的态度投射到其他学生身上。

"以小人之心度君子之腹"是一种典型的投射效应。当别人的行为与我们不同时，我们习惯用自己的标准去衡量别人的行为，认为别人的行为违反常规；喜欢嫉妒的人常常将别人行为的动机归纳为嫉妒，如果别人对他稍不恭敬，他便觉得别人在嫉妒自己。

当然，我们不否认，有时候的投射是正确的。因为人性有相通之处，有些事情不同的人的确会产生相同的感受。但是，人和人也有不同，所谓"性相近，习相远"。如果任何时候，都拿自己的感受去揣度别人，主观想象别人会和自己一样，很容易发生误会，做出错误的举动。

丹丹在市场公关部工作，一次因为工作上的一件小事与同事小杨发生了误会，争执了几句。

小杨的性格大大咧咧，完全没把这事放在心上，上下班还照样与丹丹打招呼。可是，丹丹却不这么想，虽然明知道是为了工作，也清楚那是场误会，但自那以后，丹丹就很少主动跟小杨搭腔，她还总认为小杨在暗中跟自己较劲。

半年后，小杨跳槽，要离开公司，碰巧丹丹的电脑硬盘出了故障，以前的客户资料全部丢失。丹丹知道小杨的电脑中有个备份，可她怕小杨看自己的笑话，没敢告诉他。最后，迫不得已，她只好自己掏钱请人恢复硬盘数据。结果，整整花了她一个月的工资。

没想到，小杨在临行前将一张磁盘塞在她的抽屉里，里面不仅有老客户的资料，还有些新客户的联系方式。

拿着小杨留下的磁盘，丹丹真是悔不当初。她终于意识到是自己的不对，也让自己遭受了损失。

所谓"人心如面，各不相同"，每个人的性格、世界观、价值观都不同，生活的环境也不同，我们很难了解其他人的内心世界里发生了什么事，那些事又如何影响了他们的心情和状态。因此，对于别人的表现，我们不要过于敏感，更不要以己度人，疑神疑鬼。

同时，我们应该正确地认识自己，时时反思自己，做到严于律己，客观待人。

人—际—关—系—的—心—理—学

“投射效应”，即在人际认知过程中，人们总是潜意识地假设他人与自己有相同的倾向，把自己的特性投射到他人身上。当别人的行为与我们不同时，我们习惯用自己的标准去衡量别人的行为，认为别人的行为违反常规。

为—人—处—世—的—潜—规—则

6

多提几个被选方案，增加被选中的几率

易明聪明又能干，他提出的建议通常都能得到部门经理的首肯，在很多事情上，部门经理都喜欢咨询他的意见。

朋友向易明讨教获得上司信任的秘诀，易明说没什么秘诀，说白了，就是把自己处在经理的位子上，帮经理多想想，给经理多提几个被选方案，从各个方面分析一下利弊，让经理最终不是选择这个就是选择那个。

原来，有一次，经理要求他制作一个婚纱产品的网页，这个网页会在产品发布会后放在公司的外部网上。

易明与经理交流后，把产品网页的宣传对象锁定在三十岁左右的新婚夫妇上，易明知道经理向来喜欢庄重高雅的风格，但以易明的理解，这个年龄阶段的夫妇反而很赶时髦，很愿意在“迟来”的婚礼上一展年轻的心态。于是，易明先按经理以往的喜好制作了一个网页草案，再把曾经用过的一个稍作修改作为第二个方案，另外又按照自己的意图做了一个作为第三方案，并在这个方案上下足了功夫。

方案呈上去之后，果然，领导看了第一个，满喜欢，但总觉得哪儿似乎有些欠缺；再看第二个，有一种似曾相识的感觉，没什么新意；当看到第三个的时候，顿时眼前一亮。就是这个了。

自此以后，每次做方案，易明都会多做几个，每次经理都会从中选择一个。

“为什么经理只要一个网页，你却费尽做了三个？”朋友不解。

易明说，如果一开始就呈送给经理一个方案的话，无论你做得多么好，经理都会把自己脑子里与你所做比较，会对仅有的这个挑三拣四。但是，如果多做几个，经理看了一两个风格迥异的，对稍差的马上排出，对其中那个好的会顿生好感，一次通过的机会大得多。

无疑，易明是懂得人的心理的。从心理学的角度来看，易明的成功在于他有效地回避了“霍布森选择效应”。

“霍布森选择效应”来源于一个有趣的故事。

1631年，英国剑桥商人霍布森贩马时，把马匹放出来供顾客挑选，但附加一个条件即只许挑选最靠近门边的那匹马。显然，加上这个条件实际上就等于不让挑选。对这种没有选择余地的所谓“选择”，后人讥讽为“霍布森选择效应”。

一个方案，无从选择；没有选择，无从优化。道理很简单：好与坏、优与劣，都是在对比选择中产生的，只有拟定出一定数量和质量的方案供对比选择、判断，也就是采用“多方案选择”，才有可能做到合理。

当今社会早已从“非此即彼的选择”变为“多种多样的选择”。就拿一个人的学习与工作来说，通常目标是一个集合而不是一个点，达到目标的方式或途径更可以有多种。

比如，你已工作，想要获得更多的知识、更多的经验，要实现你的这些目标，你可以通过以下几种方式：

在工作中学习：向同事请教，自己在实践中摸索、总结经验；

边工作边上学：到某高校读在职硕士班或者博士班；

参加全国研究生入学考试，放弃工作，重回学校学习。

这些途径，各不相同，但都能达成你的目标，让你掌握更多的知识、积累更多的经验。

如果你在做出决定的时候，能够列出这些选项，从多方面权衡利弊，客观地看待学习与收益的比例，就能做出更理性的选择，避免一时的盲目冲动导致日后的损失。

不过，在生活中，我们常常缺乏这样的意识，总是不知不觉地陷入“霍布森选择效应”的困境，扼杀了自己的创造力。

比如身为下属，每逢领导让我们做方案，脑袋里通常只有一个；身为领导，在给下属布置任务时,对于完成任务的方法,脑子里也只有一种。久而久之,我们完全丧失了创造力。

如何才能避免这样的困境呢?

有意识地尝试“多方案选择”是最佳选择。

什么是“多方案选择”?就是无论做什么事情,在做决定之前,多给自己几个备选方案。

优秀的管理者或下属,其头脑中总是有多种“备择方案”,总是高度重视“多方案选择”,他们始终认为要有许多种可供采用的衡量方法,这样才可以从中选择一种适当的方法。

此外,在选项的确定方面,他们也会有讲究。在他们看来,一项选择的优劣,一种判断、决策的正误,不决定于意见的一致。只有以对立的观点、不同的谈论和不同判断的选择为基础,才会是好的选择、判断和决策。因此,在确定某项选择、作出某种决策时,他们总是尽可能地在与他人交往过程中,激发反对意见,再从每一个角度去弄清楚确定选择、实施决策到底应该是怎样的。

通用公司的前总裁韦尔奇在整个公司推广“群策群力”计划便是出于这个目的。

“群策群力”是一种员工座谈会,邀请大约几十名到100名公司员工参加,聘请公司外部的专业人员如大学教授来启发和引导员工进行讨论,而员工的上司并不在场。这样,员工提出了许多宝贵的意见和建议,为通用公司决策的科学性、正确性提供了保证。

作为职员,在工作中,我们也应多多尝试“多方案选择”。保持开放的心态,容纳来自“自我”与“他人”的不同意见,有意识地克服思维方式的封闭性与单一性,提高自己的创造力及选择的正确率。

人—际—关—系—的—心—理—学

“霍布森选择效应”:没有选择余地的无所谓“选择”。做事情要避免“霍布森选择效应”,因为一个方案,无从选择;没有选择,无从优化。只有拟定出一定数量和质量的方案供对比选择、判断,也就是采用“多方案选择”,才有可能做到合理。

为—人—处—世—的—潜—规—则

7

欲言又止，激发对方的好奇心

好奇心是人们普遍存在着的一种行为动机。利用好奇心，你可以在最快的时间内接近对方。

当然，你设计的用以引起对方好奇心的话，必须与你要达成的目标相关。否则，你只会白费工夫。

某服饰推销员的目标是要把服饰推进某大型百货商场。她做了很多努力，却都被商场的老板拒绝了。

经过调查，她才知道，原来该商场的服饰品一直在进着另一家公司的货，老板认为没必要再进别家的。

后来，她想了一个办法。在又一次推销访问中，她早早地来到该商场管理人员办公室门外，见到该老板，她直截了当且诚恳地问道："您可以给我十分钟时间，就一个经营上的问题，让我提一点建议吗？"

她的话引起了老板的好奇心，于是，老板请她进办公室谈一下。

推销员走进办公室后，拿出一种新式领带给老板看，并请老板为这种产品报一个公道的价格。老板认真仔细地检查了产品，最后作出了认真的答复。她也作了非常认真和适当的讲解。

她看了一下墙上的钟，十分钟快到了，便拿起自己的东西要走。可是，老板要求再看看另外那些领带。

最后，老板按照她的报价订购了一大批货。

其实，她所做的，不过是“欲言又止”，激发了老板的好奇心，为自己创造了一个在老板面前展示产品的机会。

人人都有好奇心。对于自己不了解的东西，人们普遍很好奇。对了解一点点又了解不多的更好奇。这一点在孩子身上体现得尤其明显。

你可以做个实验。拿一件孩子从未见过的东西给他看，并且只让看不让摸，然后把东西收起来。接下来，你会看到：孩子的好奇心被激发了，他一直想着那东西，到处寻找那东西，想知道那东西究竟是怎么样的。

隔一段时间，把这件东西再给孩子，不遮不掩，让他随便看随便摸，可能只一会儿，他就把它扔到一边去了。

以此推理，“欲言又止”、“只让知道一点点”是吊人胃口、吸引对方注意力的好办法。

这类吸引人的做法在文学作品里很常见。不论是最初的广播，章回小说，还是如今长至上百节的电视连续剧，我们都曾受到了“未完待续”或“请听下回分解”这几个字的诱惑与折磨。

有时候，因为这样的诱惑，我们可能会花大量的时间去关注我们原本不太会关注的人或物。

比如，看电视，编剧为了吸引观众，设置了一个又一个的小高潮，刚刚看到某个小高潮，一节结束了，只好第二天又接着看。结果，小高潮一个接一个，你便一节接一节地看下去，到最后，也许自己也觉得这个电视剧并不是想象中的那么精彩，兴趣减了大半，但因为总想知道结果，便一直接着看下去。

等到看完结果，常常很后悔。回想起来，它实在不值得自己花那么多的时间去看。那为什么我们会很盲目地看到底呢？因为每一节电视剧都“欲言未止”，让你欲罢不能。

如今，许多人对网络小说上瘾，大概也出于同样的原因。

本人曾看到某网站的一个热帖，看帖的人数高达两百多万。版主的文笔不错，但故事却不见得有多精彩。可为何有这么高的点击率？原来这位作者是一个调味高手，他的每一个故事都能分好几个帖子，每个帖子都在最精彩的地方结束，的确让人难以放手。

也许某一天，我们也想吸引一个人的注意，也想轻松地控制一个人，不妨“欲言又止”，把话说一半，把戏演一半。

——人—际—关—系—的—心—理—学——

人人都有好奇心，往往会对自己不了解或了解一点点又不多的人与物产生好奇心，愿花大量的时间去关注。因此，想吸引一个人的注意，想轻松地控制一个人，不妨“欲言又止”，把话说一半，把戏演一半。

——为—人—处—世—的—潜—规—则——

8

对付整体意见的有效方法，就是予以各个击破

某大学哲学系学生会准备搞一次有特殊意义的社会活动，可是，在活动时间的安排上遇到了麻烦。活动将耗时三天，也就是说，周五中午就得进行，而周五下午系里两个班都有课。

于是，系学生会向教务部门提出调课申请，请求教务部门出面安排、协调。

也许是认为调课太麻烦，教务部门并没有对学生的要求认真考虑，便拒绝了申请。理由是：教务部门与任课教师一致认为，因非正式活动而随意调课，影响不好。

考虑到时间紧迫，学生会马上召开紧急会议，分析申请被拒的原因，大家你一言我一语，企图想到一个万全之策。

有同学说，也许拒绝的理由只是教务部门的一面之词。不如先试探一下任课老师的态度，从任课老师那儿寻求突破。

大家都觉得这个想法有道理，于是，安排了两个代表分头去联系两位任课老师。

果不出所料，对这件事情，两位任课老师并不知情。教务部门只是借两位任课老师们的口推掉自身的麻烦而已。学生会代表恳求老师支持他们的活动，并表示，补课时间完全由老师决定。

两位任课老师同意了代表们的请求。

于是，学生会再次向教务部门提出了调课申请，并陈述了任课老师的答复。

结果，教务部门接受了申请，活动如期开展。

不用说，这正是一个依靠心理战术取胜的案例。从心理学角度来讲，对于用整体意见做挡箭牌的对手，最好的办法就是各个击破。

这些聪明的学生正是猜测到教务部门的所谓“与任课教师一致认为”的“整体意见”是块挡箭牌，由此入手，找出了破绽，达成了愿望。

在一般情况下，人们都有一种“从众心理”，一听说是公众的意见，多数人都不作反对，因为公众的意见，即意味着这是众人支持的意见，这是很难推翻的，因此便视为一大盾牌。

一些人正是掌握了人们的这一心理，便以“整体意见”作为攻击对手的理由，让对手一开始就认为这一理由牢不可破。

事实上，很多所谓的“大家的整体意见”并非真来源于大家，也许表面上是一致的，但实质上却并不一致。即使真来源于大家，要想保持绝对的一致也并非易事，通常会有这样那样的差异。

因此，面对所谓的“整体意见”，首先要勇于怀疑整体，其次要巧于各个击破。

击破的着眼点不在于它的内容，而在于“整体意见”这点，你可以先试探其坚硬度，然后从容易的着手，逐个击破。

在一一击破的过程中，你要保持足够的信心、耐心与敏锐。因为是人，难免会有意见上的差异，即使是微乎其微，也可活用至最大限度。也就是说，你完全可以将那些细小的差异予以大大的夸张，让“大家的共同意见”没有立足之地。

如果你是一位领导，下属提交一份所谓的“共同请求”，说“这是我们所有人的意见”。如果你对此决议持完全相反的意见，你也不必慌张，你可以私下里召集各个下属，与其单独交换意见。

通常，在单独的交谈中，你会发现，即使对方试图隐瞒，也难以隐瞒。他们各自的答复肯定会不尽相同。等一个个都面谈完后，你便可以从容不迫地告诉大家，“你们之间的意见还存有很大的差异，既然如此，我也不便作答，还是得请你们多加考虑。”于是，你就轻易地驳回了下属的请求，多半，他们也不得不打消这一念头。

如果你是一名普通的职员，你向领导提出了一个请求或建议，比如合情合理的加薪请求或意义重大的业务开拓计划，但你的直接领导却出于某种原因，以领导们的“整体意见”为由表示了拒绝。在这样的情况下，你可以巧妙地征询其他同级领导的意见，甚至最高领导的意见。

当然，这样做，是有风险的，有可能在你击破所谓“整体意见”之后，却得罪了你的直接领导。因此，采用这一办法只适合于你对“整体意见”的不成立有足够的把握，你确信别的领导会对你的请求或建议持肯定的态度。否则，不要轻举妄动。

——人—际—关—系—的—心—理—学——

很多所谓的“大家的整体意见”并非真来源于大家，也许表面上是一致的，但实质上却并不一致。即使真来源于大家，要想保持绝对的一致也并非易事，通常会有这样那样的差异。因此，面对所谓的“整体意见”，首先要勇于怀疑整体，其次要巧于各个击破。

——为—人—处—世—的—潜—规—则——

第二章

说话办事，滴水不漏

说话关键是要别人听进去，做事关键是要见成效。善于说话，巧于做事，在难点上下工夫，善于把别扭变成顺当，把不顺变成可行，把话说到对方的心里，从而为自己顺利办事凿开一条通道。“把话说得滴水不漏”与“把事办得滴水不漏”，是打造成功人生格局的两大资本。

1

请教对方“假设您是我，您会怎么做”，令其为你着想

妻子正在用缝纫机缝衣，丈夫坐在她身旁唠叨：“慢些，小线就要断了。把布翻过来。停止！把布拉直。”

“请你住口！”妻子脱口而出，“我懂得怎样缝纫。”

“你当然懂，太太。”丈夫答道，“我只是想让你知道，我开车时你在旁边喋喋不休，我的感觉如何。”

试想，下一次丈夫开车，妻子还会在旁边指手画脚吗？多半不会。

为什么？

因为这位聪明的丈夫，通过转换角色，让妻子站在他的立场考虑问题，进而理解了他的苦衷。

在心理学上，有“角色效果”之说。即是指，如果你给某个人一个角色，比如长官、士兵、教授、学生，这个人就会在假设自己是这个角色的过程中逐步适应了这个角色，按想象中的这个角色的思维方式去工作、生活，甚至举手投足都带上了这个角色的味道。

当妻子忙着缝纫时，丈夫在旁，喋喋不休。妻子的角色转换了，似乎成了正在开车的“丈夫”，于是，她一下子便明白过来：任何人在专心致力于某项工作时，都不希望被人干扰，那些横加干涉的行为是多么的不明智、多么的不受欢迎！

不过，让对方转换角色、站在你的角度考虑问题，似乎说着容易、做着难。

如何以最快最轻松的方式令对方转换角色呢？

有一种最简单的方法，就是询问对方："假设您是我，您会怎么办？"或者"您看我怎么做好？"

一句"假设您是我，您会怎么做"或"您看我该怎么做呢"的请教，不仅能让客户理解你，也能让忽视你的上司为你着想。

一天，一位前台接待员遇到了难题。一位客户打了好几次电话，找老板。她把这件事立即告诉了老板。但第四次，这位客户又打电话过来，埋怨她没有及时转告，原来是老板没有及时给这位客户回电话。

为此，这位前台接待员很发愁，她不知道，如果这位客户再打来电话质问，她该如何处理。

她想，如果对老板说"你不回电话，××先生很生气"，老板肯定会不高兴，说不定还会怪罪于她。

于是，她改口向老板请教，说："我遇到点麻烦，需要您的帮助。××先生打来4个电话，他对我很不满，因为他没有接到您的回电。下次他再打来电话。您看我怎么答复他好？"

结果，上司一下子便明白了她的难处，立刻解决了这一问题。

在工作中，许多人都会遇到这类情况，因为缺乏他人的理解与支持，被客户抱怨、被领导批评、被家人指责，却又不知如何去协商。其实，解决这类问题并不难，只要让对方"设身处地"地设想一下我们的处境和本心。

为此，不妨委婉地问上一句，如"假设您是我，您会怎么做"或者"您看我怎么做好呢"。

——人—际—关—系—的—心—理—学——

心理学上的"角色效果"，是指如果给某个人一个角色，比如长官、士兵、教授、学生，这个人就会在假设自己是这个角色的过程中逐步适应了这个角色，按想象中的这个角色的思维方式去工作、生活，甚至举手投足都带上了这个角色的味道。

——为—人—处—世—的—潜—规—则——

2

如果对方不易说服，让对方认为你与他的立场一致

北方的初春时节，天气还凉，办公室里，还开着暖气。

靠窗的小朱打开窗户，风呼呼呼地往里边灌，有同事开始受不了了。

“谁啊？火旺啊！”一个同事大声嚷嚷，提醒人关窗。

“我火旺，得吹吹风、败败火。”小朱回应道，佯作不知。

“昨晚食堂没卖羊肉汤啊，火气咋这么旺？”另一个同事嘟哝着。

“我吃了狗肉，怎么着？”小朱火了。

窗户仍然开着，大家都感觉冷，可谁也不好去关窗。

其实，这会小朱也感觉到冷了，他穿得不多，原本是想透透气，却未曾料想受了同事的攻击，越想越生气，心里暗暗发狠：“今天我就是不关窗，冷死你们！”

几分钟后，一位年龄稍长的女同事起身走到小朱身旁，说：

“小朱，你挪挪地方，靠窗这么近，又只穿这么点，小心着凉。”

小朱没吭声，隔了一小会儿，起身把窗户关上了。

小朱为什么主动关上了窗户？是他禁不住冷了吗？当然不是，以他的倔脾气，宁可感冒也不能便宜了那两个“坏蛋”。

那又是为什么呢？让我们回头看一看，想一想。

小朱为什么开窗?

肯定是有原因的。也许是他刚从外面进屋,出了汗,感觉热;也许是办公室的温度太高,他感觉闷。

小朱为什么拒绝关窗?

原因很清楚。他只不过想开开窗透会儿气,同事们便嚷着叫关窗,还出言不逊。在小朱看来,嚷着要关窗的同事完全是从自己的立场出发,根本不在乎他的存在与感受,因而,他心理感到委屈、愤怒,继而拒绝合作。

那后来,小朱为什么主动关窗?

因为那位女同事对他说“靠窗这么近,又只穿这么点,小心着凉”。听听这话,多体贴、多暖心!“她站在我的立场,为我着想”,小朱心里不免又感动又后悔。

试想,小朱忍心因为与人斗气,让这么理解自己的同事挨冻吗?当然不忍心!于是,他起身关了窗。

看来,要想说服一个人,并不是一件多么难的事,哪怕对方非常固执,只要你将心比心,试着站在对方的立场去考虑问题,让对方感觉到你俩站在同一立场,问题就很容易解决了。

卡耐基先生曾说:“与人相处能否成功,全看你能不能以同情的心理,体谅和接受他人的观点。”

要想让对方认为你与他的立场一致,首先得发掘对方的欲求、情感。

当对方持否定意见时,千万不要直接告诉对方“正确的观点”是什么,反之,从对方的观点出发,寻找导致否定结论的具体原因,然后一一列举出来,对症下药,使对方不再坚持己见。

如果能做到这一点,即使是面对固执的位高权重之士,也有望说服。

历史上有名的《触龙说赵太后》就是其中一例。

公元前265年,秦国进攻赵国,赵国向齐国求救。齐国提出以赵太后的小儿子长安君做人质,但赵太后坚决不允。

赵国危在旦夕。

左师触龙去面见太后,太后认为必定也是来劝说用长安君当人质的,就摆开要吐唾沫的架势。

不料,触龙慢条斯理地走进屋后,并没有提到人质的事,只是问候太后的健康状况。于是，赵太后的怒气渐渐消了，与触龙亲切地攀谈起来。

“我的小儿子叫舒祺，最不成才，可我偏偏最疼爱这个小儿子，恳请太后允许他到宫中当一名卫士。”触龙对太后说。

“他几岁了？”

“今年15岁。年岁虽小，可我想在我在世时托付给您。”

一听这话，太后似乎找到了感情上的共鸣，认为触龙与自己的立场一致：都为人父母，都疼爱自己的小儿子，都为儿子的前程担忧。

“真想不到，你们男人也怜爱小儿子呵！”太后不由感慨道。

“恐怕比你们女人还胜一筹呢！”

“不会吧，还是女人更爱小儿子。”这下，太后不服气了。

“不见得吧！老臣私下以为，太后爱女儿燕后胜过爱小儿子长安君。”触龙借机切入正题。

“你错了，我爱女儿哪里比得上爱长安君呢！”

“做父母的喜欢儿子，就要为他的长久之计着想，太后在送燕后远嫁时，抱着她的腿哭了。燕后到燕国以后，太后也在想着她。每当在祭告祖先时，太后总还要祷告燕后不要回赵国来，这不是在为她的长久之计着想、希望她的子子孙孙继续接着当燕王吗？”触龙表明了自己对太后爱子之心的理解。

“你说得对呀！”太后的心被打动了。

于是，触龙趁热打铁，以史为鉴，为赵太后分析长安君去做人质正是长安君建功立业的好机会。

“从赵国三代以前算起直到现在，赵王的子孙封侯的还有几个呢？”触龙问。

“没有。”太后坦然承认道。

“除赵国以外，别国诸侯的子孙封侯的还有吗？”触龙又问。

“老身没有听说过。”太后说。

“照此说来，近的祸患是累及自身，远的却又要累及子孙了。难道人主的子孙都是不肖的吗？只因为位尊而无功，禄厚而无劳，而且还有许多财宝呀！现在太后给长安君这么高的地位，给他这么好的地方，给他这么多的财宝，却不教他为国建功立业，太后一旦百年之后，长安君怎能在赵国立足呢！老臣以为太后只为长安君的眼前利益着想，所以说太后爱惜长安君不如燕后呀！”

太后听后如梦初醒，便对触龙说：

"你说得对,怎样安排长安君都随你了。"

于是,长安君如期到齐国去当人质,赵国得救了。

想想看,触龙成功说服赵太后的秘诀是什么?

不就是从赵太后的否定结论入手,寻找缘由,然后站在赵太后的立场说话,让太后认为触龙与自己的立场一致吗?

——人—际—关—系—的—心—理—学——

要想让对方认为你与他的立场一致,首先得发掘对方的欲求、情感。当对方持否定意见时,千万不要直接告诉对方"正确的观点"是什么,反之,从对方的观点出发,寻找导致否定结论的具体原因,然后一一列举出来,对症下药,使对方不再坚持己见。

——为—人—处—世—的—潜—规—则——

3

用“如果我是你的话”，表示理解对方的烦恼与不满

近些年来，调解家庭纠纷类的咨询节目越来越多。只要稍加留意，就会发现，在这类节目中，调解员惯用的一句话是“如果我是你的话”。

比如说，在仔细听取了一位因夫妻关系烦恼的咨询者的叙述后，调解员往往会说一句：“如果我是你的话，我就会再给彼此一些时间。”

起初，我对这句话很不理解。记得哲学家莱布尼茨说过：世界上没有两片完全相同的叶子。叶子没有两片完全相同的，人也没有两个完全相同的。“我”就是“我”，“你”就是“你”，是永远不可能成为对方、完全体悟对方的。不管我们如何努力，站在对方的立场，感知对方的心情，我们所感受的也可能只是冰山的一角，甚至与对方的感受大相径庭。

不过，后来我发现，调解员说出这样的话，是有一定道理的。

因为，这样的劝告，咨询者往往会无条件地听从。

面对“如果我是你的话”之类的话，咨询者往往会认为对方完全理解了自己的烦恼与不满，认为对方的劝告都是为自己着想，从而产生一种“他视我的利益如同自己的利益”的错觉。

从心理学角度，这叫“自己最可爱”的心理。人人都有“自己最可爱”的心理。如果你承认对方的“可爱”，对方也会认为你“可爱”。

一旦对方形成了这样的心理，在此之后的劝告即使是对其不利的话，对方也会认为这些话都是为了自己好，于是，他就能够心平气和地听进去。

出于对这种心理的了解，一些公司的人事负责人便以“如果我是你的话”这样的话语左右那些被降职或解聘的职员的情绪，巧妙地让他们接受公司的安排。

首先，他们会单独召见这些职员，与其不紧不慢地交谈。与其说是交谈，倒不如说是让对方尽情地诉说自己的不满，待对方说累了的时候，再瞅准时机对他说一句“我非常理解你的心情”。就这样一句话，很多人紧张的心情会立刻放松，沮丧的表情会大为改观。

当然，这还仅仅是开始。

随后，如果是面对降职的职员，他们会适时地继续说：“如果我是你的话，倒乐意去分公司任职。那里一般不会有复杂的人际关系，可以充分地尽情发挥自己的才干，反而会有更多成功的机会。”

如果是面对被解聘的职员，他们可能说：“如果我是你的话，可能会通过跳槽，选择一个更适合自己发展的方向，在更大程度上发挥自己的长处。从这里离开后到别的地方做出成绩的也有不少。”

这样，无论是被降职还是被解聘，大多数的职员都能坦然地接受安排。

采用这种方式说服别人的关键在于，让对方感觉到你的确是为他着想，是想为他排忧解难。

为此，在说上那句暖心的“如果我是你的话”之前，你还得有所留意，有所准备。

首先，你得闭上你的嘴，不发表任何感想和意见，只管用心聆听对方。通常，如果一个人知道自己的不满或者烦恼有人倾听，他会有良好的情绪，会感觉被接受、受尊重，心中的不快就会随之烟消云散。

然后，为了保证你对对方所传达信息的理解符合对方的本意，你得努力把自己想象成对方，体会对方的感受。这不但要求专注，还要求移情。这要你暂停自己的想法和感觉，努力去理解说话者想要表达的含义，从说话者的角度调整自己的所观所感。

最后，你再说“如果我是你的话……”

如果在说服的过程中，你无意间使用了一些不太得体的言辞，你更有必要运用了这句“如果我是你的话”，以弥补你言辞上的过失。

当然，你得表现出足够的真诚，这样，对你的理解与忠告，对方才会有所回应。

人际关系的心理学

“自己最可爱”的心理：人人都认为自己最可爱。如果你承认对方的“可爱”，对方也会认为你“可爱”。“如果我是你”之类的话能激发对方的这种心理，让对方产生一种“他视我的利益如同自己的利益”的错觉，由此接受你的劝告。

为人处世的潜规则

4

运用“转换法”，引导话题转向自己期待的方向

有位法律系的教授，上课第一天，刚走上讲台，就说：

“有个猎人追一只狐狸，狐狸绕着弯跑，猎人开了好几枪都没打中，狐狸冲向一棵大树，钻进树下的一个洞，树洞有另一个出口，居然跳出一只兔子，猎人喜欢吃兔肉，就追兔子，兔子一蹿，跳进一树丛，猎人对着树丛开一枪，轰一声，跳出一头黑熊，猎人对准黑熊开枪，发现枪里没子弹了，只好转身跑，一边跑、一边装子弹，幸亏黑熊跑不快，这猎人回头补一枪，终于把黑熊打死了。”

说到这儿，教授看看下面眼睛瞪得大大的学生问：“怎样？精彩吧！”

“太棒了，打一只兔子，变成打到一头黑熊。”有学生说。

“太有意思了，猎人原来只想打狐狸，结果能跳出兔子和黑熊。”另一个学生讲。

“黑熊值不少钱呢！”许多学生交头接耳，“猎人发了。”

“说不定猎人打兔子的那一枪，已经打中了黑熊，”又有个学生说，“所以黑熊跑不快，不然猎人早死了。”

看看学生，教授笑笑：“你们想得都不错，但是为什么没有一个人问‘那原来的狐狸呢？兔子呢？’前面的两个主角到哪里去了？”

然后，教授表情转为严肃，说：“你们要当法官、当律师、当检察官，就得防着

不要被人转移了焦点！”

的确，法官、律师、检察官在工作的时候，因为工作的需要，是得防止被人转移了焦点，换一个角度，在许多时候，我们是不是可以通过巧妙地转移谈话焦点而达到自己的目的呢？

可以。如果我们想在会谈中占据主动，夺取发言权，我们不妨抛出我们想要谈论的新话题，转移对方的注意，在对方不知不觉中甩掉旧话题。

不过，这通常会遇到一些困难。

如果对方正在滔滔不绝地谈他感兴趣的事情，或故意回避你的话题，你突然打断对方的谈话，结果可能会很糟糕，可能你非但没有获得发言权，还引起了对方的反感。

有没有办法让你既获得发言权，又不惹对方不高兴呢？

当然有，就像上面的那个故事，如果你突然把狐狸藏起来了，猎人找不到狐狸，可能会生气，反之，如果你藏起了狐狸，但悄悄抛出了兔子或黑熊，他的注意力就转移了，就很自然地追逐新的目标去了。

谈话也一样，如果对方正聊得痛快，你直接告诉对方“我想说”、“咱别谈那事，谈点别的”之类的话，对方肯定会心生不快。这时，你不妨从对方正在谈论的话题中引申出新的话题。

你可以以下面几种方式开头：

“您的话使我想到……”

“记得您以前也说过……”

“听您这么一说，我相信……”

接着便引出完全不同的话题。即使话题向着另一个方向行进，对方也毫无办法。

熟练运用这种“转话法”的高手，首推那些政治家们。看一下某些国家电视转播的国会辩论节目，我们就会发现，面对在野党议员紧追不舍的提问，执政党的大臣们的表现可谓是不慌不忙，他们回答问题时是那样的从容不迫。

“关于那件事情，正如您所说的那样，确实是正确的，但是，关于另外一件事……”

“正如您所说的那样，这确实是一件非常重要的事情，所以，我们会在慎重的调查之后给您以回答，在此之前……”

心理学研究表明，越是紧张的场面，这种心理战术越有效。

这是因为，人类的思考模式有一种倾向，当一个人处于极度紧迫的心理状态下时，如果突然给以其他方向的表示，他就会在不知不觉之中将所关心的事情转向这个方向。

当然，这一心理技术在日常生活中适用性也很广。

比如，你的家人正在生气地指责你的过失，你突然对他（她）说："我昨天遇到了一件很奇怪的事……"

又如，就某提议面见上司，上司却大谈特谈另一件毫不相干的事，你不妨说："正如您经常提到的'建立一个资料库'，我想到了资料室人员的安排问题……"

这样，你的提议听起来就像是由上司的话引发出来的，即使与先前的谈话毫无关系，上司也会认为"总有某种关联性吧"，因而乐于倾听。

此外，在商务谈判或者召开会议等场合，如果希望自己的主张或者意见能够得到通过，你也可以说"就像你刚才所说，我……"，让对方的思维跟着自己走。

——人—际—关—系—的—心—理—学——

心理学研究表明，人类的思考模式有一种倾向，当一个人处于极度紧迫的心理状态下时，如果被突然给以其他方向的表示，他就会在不知不觉之中将所关心的事情转向这个方向。

——为—人—处—世—的—潜—规—则——

5

说服没有主见的人，对他说“大家的意见都是这样”

如果你去体育场观看某场全国职业足球联赛的比赛，碰巧坐在北京国安队运动员坐席上方的位子上，周围都是该队的拉拉队。当国安队的前锋踢进一个球时，周围的观众都站了起来鼓掌欢呼。这时你会怎么办？恐怕你即使并不是很喜欢国安队，也会站起来。

为什么？因为“从众心理”。

用通俗的话说，从众就是“随大流”。从众指个人的观念与行为由于群体的引导或压力，而向与多数人一致的方向变化的现象。

你知道，如果所有的人都站起来了，唯独你一个人坐在那里，别人肯定会觉得你十分奇怪，同时，你也会感到别扭。所以你不得不跟着站起来，即使心里觉得这样做并不合适。

“从众心理”，几乎人人都有，且无处不在，它不仅体现在行动上，而且一个人的信念、观点，也受其影响。

在沟通领域，从众心理表现为：对传递的观点没有明确的意见和看法，是肯定还是否定都是按大家的意见办。

原因主要有两点：

一个是对信息源的可靠性的考虑。当一个人没有自己的意见时就会有一种心理:如果信息来源于众人,那肯定是比较可靠的。所以,随大流,按大家的意见办,乃是一个普遍现象。

另一个是怕受孤立。当一个人有自己的意见时就会有这样的一种心理:我的意见是否与大家的意见一致?如果不一致,我还要坚持自己的意见,我就会因自己的意见与大家的意见相对立而受到孤立。这时,有自己意见的人(除个别性格特别倔强的人)就会放弃自己的意见,对发表自己的意见表现出沉默,而对大家的意见表示顺从、附和。

常言道:众口铄金。人们附和一件事时,并不去理会事情的对与错,往往会以"大家"都是这样的意见,盲目地加以附和。

因此,我们常常听到这样的话语:

"既然大家都同意了,我也就不说什么了。"

"大家都这么认为,不会有错的。"

"大家都这么看,我相信群众的眼睛是雪亮的。"

曾经有人以"大家"对脆弱的人类心理,做了一项有名的"阿修实验"。

这项实验就是,将画着一条直线的卡片和画着三条直线的卡片并列在一起,让九个实验者组成一组,然后请他们回答,只有一条直线的卡片上的线,和另一张有三条直线卡片中的哪一条线相等。其实,任何人只要看一眼,就知道这些线的长短是相等的。

不过这九个实验中有八个是假冒的,他们形成所谓的"大家",而这些"大家"故意将答案说错,再看看那个真正被实验的人,其反应如何。

结果,不出所料,每组中那些不知情的人都受到"大家"的影响。他们的回答和多数派一样,尽管他们也知道自己的答案是错误的,但"大家"是那样回答,所以在无意识之下,他们也跟着做了错误的回答。

相信绝大多数的人都不情愿与众为敌。恰当地利用人们的这一心理,可以更轻松地说服顽固的一方。

比如,在工作中,你喜欢创新,而你的上司相对保守,不喜欢冒险。某一天,你有了一个大胆的想法。你估计,若提出来,上司多半不会同意,这时,你不妨先在同事中宣传你的创意,先获得他们的认同。

然后,等到时机成熟,在会议上提出。如果上司对这一创意的背景情况不够了解,他通常会询问周围人的意见,一旦他看到有好几个人都对这个创意持肯定态度，他就会动摇了。

有人说过这么一句话：会议中，如果有三个以上的人谈论同一件事，即使是微不足道的事，也会影响整个议程。

换言之，对于新的提议，如果开始有一小半的人表示赞成，成功的可能性就很大。

——人—际—关—系—的—心—理—学——

“从众心理”，用通俗的话说，从众就是“随大流”，指个人的观念与行为由于群体的引导或压力，而向与多数人一致的方向变化的现象。受这种心理影响的人对传递的观点没有明确的意见和看法，是否定还是肯定都是按大家的意见办。利用人们的这一心理，可更轻松地说服顽固的一方。

——为—人—处—世—的—潜—规—则——

6

如果进言会引起愤怒，不妨先来一句“虽然明知会挨骂”

小明正上高一，有些调皮，常常会犯点错误，让父母操心。

一天，在学校吃午饭时，因为与同学争座位，小明动了手，把同学的鼻子给打流血了，老师说要请家长去学校。

小明回到家，心里忐忑不安，一副魂不守舍的样子。

“怎么了，又被老师批评了？”妈妈问。

“没有。”小明有气无力地回应了一句。

“脸色好像不对劲！有事吧？”妈妈追问道。

“我不敢说，说了您会骂我的。”小明迟疑了半天，支支吾吾地答道。

“为什么要骂你？你又犯错误了？”

“您会骂我的。”

“我干吗要骂你？我今天不骂你。你说！”

“虽然明知您会骂我，可我还是得说。”小明鼓足勇气说出了事情的来龙去脉。

令他惊讶的是，妈妈听着自己的话，脸上白一阵，红一阵，但最终忍住了怒火,没有像以前那样臭骂自己。只是愣了一会儿,便叫他先打电话给同学道歉,写份检查给老师。

为什么小明的妈妈明明很生气却没有发火?难道她觉得小明这次与人动手情有可原吗?

当然不是。我们再来看看小明对妈妈说了什么:

“我不敢说,说了您会骂我的。”

“虽然明知您会骂我,可我还是得说。”

儿子说的这几句话,会让妈妈有什么样的感觉?产生怎样的心理?

做妈妈的会想,这小子还真猜透了我的心思!我今天偏偏不生气、不骂你,就做给你看。

于是,等儿子说完事情的来龙去脉,即便心里怒火中烧、恨得牙痒痒,也只能装着没事似的。

其实,小明妈妈的这种心理,我们每个人都可能有。

任何一个人,当他感到自己的心思被人猜透时,都会有“我才不呢”的想法,于是,即便你激怒了他,他也不好发作。

比如,你去买东西,店主叫了一个高价,你打算狠狠地压价,估计店主听了你还的价会损你,便先说:“我说了你会生气的”或者“明知道你会生气”之类,店主原本生气,想骂你,可听你说的话,他反倒不好骂你了。

其实,这是人的自尊心在作怪。

人人都会有这样的自尊心,不希望自己的心思被别人看破。一旦被别人猜透了心思,就会出于一种防卫的本能,向着“我怎么可能像你说的那样”这一方向去调整自己的心态。心里还会想:“如果果真像对方所说的那样,我就会显得气量太小!”

于是,他原本是想摆脱别人的控制,却反倒受了别人支配。因为不管谈话的内容是多么的令其不快,他也不能当面爆发出来。这就等于给自己的手脚加了道枷锁。

人们的这一心理可以为我所用,用来消减他人的怒气,令其以冷静的态度倾听你的声音,接受你的想法,让许多不可能办成的事情办成。

比如,你打算说服某人达成某项交易,你向对方提出对他非常不利的条件,你知道会刺激对方的神经,但却别无他选。

在这种情况下，在进入主题前，你必须有效地避免对方发怒，说一些诸如“这肯定会让您生气，真是对不起”、“我知道这会让您产生不愉快的想法”这样的话做铺垫。

这些话容易让对方陷入束手无策的状态，即使到后面，对方有怒气，恐怕也不好发作了。更重要的是，这些话能让对方冷静地思考那些原本会让他产生不快甚至激怒他的条件。到最后，他可能就答应了你的要求。

在职场也是如此。

如果有一天，你把一项重要的工作做砸了，不要一声不吭，不要等着领导把你叫到办公室去训一顿，你一定要做好思想准备，先想好补救措施，主动到领导那请求谅解。

以诚恳的语气对领导说：“虽然明知道会挨骂，我还得告诉您……”或“虽然明知道您会很生气，我还得说……”。

领导一听这话，多半不会发火。即便事情糟糕得令人生气，他真想发火，也忍住不发了。要知道，领导在下属面前，更需要维护自己的自尊。

只要领导压住了怒火，你就有机会作出详尽的解释，说明问题的起因、你的补救措施，等领导静静地听完你的陈述，他便容易客观地看待这件事，问题也就容易解决了。

人际关系的心理学

人人都不希望自己的心思被别人看破。一旦被别人猜透了心思，就会出于一种防卫的本能，向着“我怎么可能像你说的那样”这一方向去调整自己的心态。利用人们的这一心理，可消减他人的怒气，令其以冷静的态度倾听你的声音，接受你的想法。

为人处世的潜规则

7

不要问“做不做”，只让他二选其一

一位老人食欲不振，看上去气色也不大好。儿子几次要带他去医院检查身体，可老人总是执拗着不愿去，说是怕再查出个什么大病来。

一天吃过早饭，儿子冷不丁地劈头问老人：“今天我休息，要带您去查身体；您说是去第一医院好还是去第二医院好呢？”

紧接着他又补充说道：“都说第一医院设备好，大夫对病人态度和气。您说，咱们去哪家医院呢？”

“这么说，咱们就去第一医院吧。”讳疾忌医的老人，竟在不知不觉中顺从了儿子，作出了去求医就诊的决定。

从心理学角度来讲，大家都有二者择一的潜意识。受这种潜意识的影响，人们总是在给出的两个答案中选择其一。

这里，儿子正是利用了父亲“二者择一”的潜意识，说服其就医。

当对方对于你所希望他做的事，难以定夺而犹豫不决时，要说服他按你的愿望去做，最好将“要不要做”这个较难抉择的问题搁在一边，而直接通过发问让对方考虑“这件事该怎么去做”，并向他提供几个(一般为两个)具体方案让其选择。

采用这种避实就虚的心理战术，可以转移对方的注意，使之产生错觉，以为“要不要做”的问题已不存在，要解决的只是“怎样去做”的问题。

一旦他选择了你提供的方案中的一项，那么，就可以趁热打铁，你的希望就可能实现了。

从心理学角度来讲，问对方一个问题时，若提供了两种选择，大多数情况下，人们都会选一种。

某车站候车室里经营矿泉水和绿茶，刚开始服务员总是问顾客："您要矿泉水吗？"或者是："您喝绿茶吗？"其销售额平平。

后来，老板要求服务员换一种问法，"您喝矿泉水还是绿茶？"结果其销售额大增。原因也是如此。

心理学家曾做了这么一个心理实验：把富有经验的警察分成两组，分别考察两个同样的作案现场。然后，分别对第一组问道："犯罪现场的钟停在几点？"对第二组问道："犯罪现场的钟是停在9点还是11点？"

前者几乎都回答了标准的答案——10点钟；后者则几乎都是二者择一，却没有人说，"不对，应该是10点钟。"

这个实验显示：如果把大前提故意绕开，将选择范围缩小，用具体的选择项"逼迫"对方，使之产生"二者必居其一"的错觉，这时他们会出现"即使是错误的选择也不得不选"的心理。这在心理学上称为"错误前提暗示"。

也就是说，如果你限定选择，往往可以说服对方，促使正处于迷惑中的对方做出决定性的行动。

想想，如果我们想约一个人见面，想要和对方建立良好的关系，会怎么发出邀请呢？一般的人会怎么做呢？

"有时间吗？我请你看电影。"

"方便吗？我请你吃饭。"

对于这样的邀请，对方回应的可能性有多大？通常，这种邀请办法的成功率是50%。

如果想要提高成功的可能性，就得提出两种建议，让对方二择其一。

比如："我请客，你是想看电影，还是想吃饭？"那么，成功的可能性就会提高到80%。除非对方实在讨厌你，或者你提供的活动选择是对方所讨厌的。

如果过节时，你想给父母尽一份孝心。但父母总是认为你挣得少花得多，拒绝告诉你他们的愿望。你通常会怎么做？反反复复打电话告诉父母你有钱、你想买？这样做一般不会有多大的效果。

你不妨直接打电话给你的父母，选择两样他们可能喜欢、可能需要的东西发问，然后催促他们快点做出选择，多半，他们会给你一个答案。

——人—际—关—系—的—心—理—学——

"错误前提暗示"：提问时，如果把大前提故意绕开，将选择范围缩小，用具体的选择项"逼迫"对方，使之产生"二者必居其一"的错觉，这时对方会出现"即使是错误的选择也不得不选"的心理。也就是说，如果你限定选择，往往可以说服对方，促使正处于迷惑中的对方做出决定性的行动。

——为—人—处—世—的—潜—规—则——

8

先否定，后肯定，效果会最好

俗话说，“有一百个好，最后一个不好可结成冤家”，“磕一百个头后放一个屁，效果全无”。

从心理学的角度来讲，不论是先肯定后否定，还是先否定后肯定，最后的决定才是起决定作用的。在心理学上，这叫“近因效应”。

所谓“近因效应”，是指在多种刺激一次出现的时候，印象的形成主要取决于后来出现的刺激，即交往过程中，我们对他人最近、最新的认识占了主体地位，掩盖了以往形成的对他人的评价，因此，也称为“新颖效应”。

美国心理学家阿伦森·兰迪曾经做了一个实验，进一步证实了“近因效应”的存在。

阿伦森将被试者分为四组，结果发现：

如果对被试者始终否定（－，－），被试者不满意。

如果对被试者始终肯定（＋，＋），被试者表现为满意。

如果对被试者先否定后肯定（－，＋），被试者最满意。

如果对被试者先肯定后否定（＋，－），被试者表现为最不满意。

近因效应不仅存在于批评中，也存在于社会生活的方方面面。

我们说，一般在交往初期，即双方还彼此生疏的阶段，第一印象产生的“首因效应”特别重要。

而在交往后期，也就是在经常接触、长期共事的人之间，近因效应就发挥了很大的作用。彼此熟悉的人们更习惯把对方的最后一次印象作为认识与评价的依据。比如一位同事总是让你生气，可是谈起生气的原因，大概只能说最近发生的一两件事，这就是近因效应的表现。

因为近因效应，最后一次印象也常常使得人们的人际关系发生质与量的变化。

现实生活中的友谊破裂、夫妻反目、朋友绝交等，都与近因效应有关。

客观来说，“近因效应”既可能给人带来积极的影响，也可能带来消极的影响。

如果我们对“近因效应”善加利用，也可以扭转事态，让事情由“不好”变“好”，实现良性发展。

比如上级批评下属时，只要注意语句的先后顺序，就可以使它产生一个良好的近因效应。

“……也许，我的话讲得重了一点，可能我对你的期望太高，但愿你能理解我的一番苦心。”

“刚才我情绪有点激动了，其实我也知道你很努力，我也看到了你的进步，希望你再接再厉！”

进行严厉批评后，用这种话作结束语，安抚对方的情绪，被批评者就会有受勉励之感，认为这一番批评虽然严厉了一点，但都是为自己好的。

宁可先严后宽，先威后德，而不先松后紧。先表彰、奖励，后又免职、惩罚，只会重重地打击对方的积极性，滋生对立情绪。

对那些曾经表现不好的下属来说，“近因效应”也非常有用，通过改过自新，可让上司另眼相待。

此外，“近因效应”提醒我们，在人际交往中，不能依靠吃老本，要时刻注意近期的表现，否则可能让好不容易树立起来的良好形象毁于一旦。

——人—际—关—系—的—心—理—学——

“近因效应”:是指在多种刺激一次出现的时候,印象的形成主要取决于后来出现的刺激,即交往过程中,我们对他人最近、最新的认识占了主体地位,掩盖了以往形成的对他人的评价。因为该效应的存在,不论是先肯定后否定,还是先否定后肯定,最后的才是起决定作用的。

——为—人—处—世—的—潜—规—则——

第三章

欲擒故纵，以柔克刚

道家老子曾主张“将欲夺之，必先予之”，说的便是想要夺取它，则须放纵它的计策。欲擒不得，方借助于“纵”。“纵”不是放虎归山。为了完成最终目的，有目的地放纵一下，是策略的需要。一擒一纵，需花费一番心机，否则，“画虎不成反类犬”。

1

利用“禁果效应”，吸引对方的注意力

在我们身边，这样的现象很普遍：

一个 1 岁多的幼儿，妈妈对他说：“不要扔奶瓶啊。”结果“啪”，幼儿听后马上把奶瓶扔了。

一个未成年的孩子在自家的院子里踢足球，妈妈在多次警告无效后，威胁道：“如果你把球踢到窗户上，我就揍你一顿。”不一会，“哗啦”一声，窗户玻璃碎了。

一个保密的报告会，只允许某一级领导干部参加，刚刚结束，便有不少本来不该知道的人千方百计地来打听，想探知报告的内容。

一个老师对学生说，某本书是毒草，这本书本来不受学生欢迎，甚至不为学生所知，然而经老师这么一讲，学生却争先恐后地看这本书。

这是为什么？

因为禁止、威胁，诱发了人们的挑战性，让人们最终就以反抗发布禁令者的意志的行动，来证明自己的胆量与能量。

在心理学上，这叫做“禁果效应”。

“禁果”一词源于《圣经》，它讲的是夏娃被神秘智慧树上的禁果所吸引而去偷吃，结果被贬到人间。这种被禁忌所吸引的逆反心理现象，就是“禁果效

应”。

通常，一个人的某种欲望被禁止的程度愈强烈，它所产生的抗拒心理也就愈大。不是吗？越是不让看的东西，人们越想看，越要看；越是禁止传播的小道消息，越像长了腿，跑得越快。

利用人们这种心理倾向，把他人不喜欢而有价值的事情人为地变成“禁果”以提高其吸引力，就可以控制他人的思想，令其做出自己希望的决定与行动。

有一家酒店，门前摆了一只大酒桶，上面写着几个引人注目的大字：“不许偷看！”酒桶周围没有遮拦。

行人路过此地，看了顿生好奇，禁不住停下来并上前去看个究竟。看了之后都哈哈大笑。

原来，桶里写着：“我店有与众不同、清醇芳香的生啤酒，一杯 5 元请享用。”一些大呼“上当”的人，酒瘾顿生，当然就情不自禁地进去品尝。

口感果然不错。由此一传十、十传百，许多人都来此店一饱口福。

这是不是说明，只要引导得当，“禁果效应”就能发挥积极的作用？

无独有偶，犹太人斯塔克也是利用“禁果效应”大发横财的。

美国德州有座很大的女神像，因年久失修，政府决定将它推倒。推倒后，广场上留下了几百吨的废料，既不能就地焚化，也不能挖坑深埋，只能装运到很远的垃圾场去，至少得花 25000 美元。没有人为了 25000 美元的劳务费而愿意揽这份苦差事。

斯塔克却独具慧眼，大胆将差事揽在自己头上。因为在他看来，这些“废物”真正是无价之宝。他来到市政有关部门，说愿意承担这件苦差事，且政府只需拿 20000 美元给他。

合同当场就定下。斯塔克还得到一个书面保证：不管他如何处理这批废物垃圾，政府都不干涉。

斯塔克请人将大块废料切成小块，进行分类：把废铜皮改铸成纪念币；把废铅废铝做成纪念尺；把水泥做成小石碑；把神像帽子弄成很好看的小块，标明这是神像的著名桂冠的某部分；把神像嘴唇的小块标明是她那可爱的嘴唇并装在一个个十分精美而又便宜的盒子里。甚至朽木、泥土也用红绸垫上，装在玲珑透明的盒子里。

为了吸引大家的眼球，他雇了一批军人，将广场上这些废物围起来，禁止行人往里看。

斯塔克的神秘举动引起了人们的极大好奇心。这里将发生什么奇妙的事？人们纷纷揣测。

有一天晚上，士兵松懈，有一个人悄悄溜进去偷制成的纪念品被抓住了。这件事立即传开，于是报纸电台广播纷纷报道，大加渲染，立即就传遍了全美。

这时，斯塔克借机推出他的计划。他在盒子上写了一句伤感的话："美丽的女神已经去了，我只留下她这一块纪念物。我永远爱她。"

斯塔克将这些纪念品出售，纪念品很快被抢购一空。他从一堆废弃泥块中净赚了12.5万美元。

想想看，在你的工作岗位上，在你的家庭生活中，"禁果效应"是不是也有用武之地？

——人—际—关—系—的—心—理—学——

"禁果效应"：一种被禁忌所吸引的心理现象。通常，一个人的某种欲望被禁止的程度愈强烈，它所产生的抗拒心理也就愈大。利用人们这种心理倾向，把他人不喜欢而有价值的事情人为地变成"禁果"以提高其吸引力，就可以控制他人的思想，令其做出自己希望的决定与行动。

——为—人—处—世—的—潜—规—则——

2

假造更多的竞争对手，令对方主动让步

一家唱片公司和一名年轻的小提琴家签订了制作录音带的合同。合同为期五年。按照合同规定，小提琴家的报酬并不高，不过他每年能出两张专辑。

等到五年合同期满时，小提琴家已经拥有 10 张个人专辑。对于一个正处于发展中的年轻艺术家来说，这是一个了不起的成就。

在合同到期的前几年，该公司就很想和他延长合同时间，实际上，小提琴家在第三年就走红了，他的专辑非常畅销，商业利润也相当可观。

不过，公司的负责人认为，如果公司主动提出续约，就会处于被动，可能要接受小提琴家的高额要价。

为了避免出现这样的局面，公司做出了一个决定，封锁消息，不让小提琴家知道公司意欲延长合同期限的打算。

同时，在合同的最后两年时间里，公司负责人还故意让这位小提琴家知道，还有别的艺术家主动提出与公司合作。

此外，公司也向这位小提琴家许诺：更高的酬金，更多的计划制作的专辑，更大的投资，对作品和制作人有更大的决定权等等。

结果，小提琴家并没有提高要价，公司轻而易举地延长了合同期限。

小提琴家为什么没有提高要价呢？也许是出于对该公司的信任，更有可能是考虑到自己对于公司并非缺一不可。

这充分说明，“假造更多的竞争对手”令该公司从被动转变为主动。

试想，如果公司早早地就向小提琴家表示：公司最看重你，最希望和你续约，情况会怎样？

小提琴家也许会因为公司栽培了他又如此器重他而感动，但更多的可能是，他开始沾沾自喜，心想：我现在火了，公司离不开我了，我要提高身价，料想他们也会同意。

恰恰是考虑到了这种可能性，公司采取了两个行动：一方面隐瞒续签的打算，另一方面透露其他艺术家打算与公司合作的消息。这些信号传递的意思是：公司并非离了你就玩不转，还有人在排队等候；公司的实力与信誉不错，续签对你的名声与前途有利。

想想看，受到这些信息的影响，小提琴家还会有“舍我其谁”的感觉吗？

我们常常说：独门冲。什么意思？就是一个人或一个组织，独有某种技能或某样秘诀，如果没有竞争对手，他就会骄傲自满、漫天要价，或者丧失良知，赚取暴利。

比如一个新建的小区里，只有一家理发店，理发店的老板就可能因为“独门冲”心理，抬高理发的价格获利更多，而不试图通过提高服务质量吸引更多顾客。在这种情况下，即使小区居民多次反映，价格贵了，估计这家理发店也不会销价，因为他吃定了你，只此一家，你别无选择。

如果某一天，又新开了一家理发店，第一家理发店有了竞争对手，如果对手的服务价格比自己低，或服务质量比自己好，顾客肯定会流失。在这种情况下，为了防止自己的顾客被第二家理发店抢去，第一家理发店就会自动提高服务质量，或者降低服务价格。

可见，让与你的利益相对立的一方让步，最好的办法就是让他认为，他不是你唯一的选择。

在现实生活中，这类方法的用途很广泛。

一个年轻男子去追求一个年轻女子，女子清高内向，男的好不容易走近了女的，但女的总是若即若离。一天，男的告诉女的，有人给他介绍了一个女孩，各方面条件都好，家里人非逼着他去见面，他不知道怎么办。结果，女的一听，立马改变了态度，两人的关系急速升温。

一位项目经理，开发了某个项目，为公司创造了很大的利润。他期盼老板主动给他涨工资，结果却没有一点动静。于是，他对老板说，有一家更大的公司接受他，职位比目前高，薪水比目前多，他打算年后就去上班，老板一听，急了，忙给他加薪，并承诺一旦机会成熟，就给他升职。

一个企业的谈判代表，在双方谈判处于僵持状态中时，他的秘书便敲门进来，说是有紧急电话需要马上去接，这时他显得很慌乱，手中的"机密材料"也忘记在谈判桌上。谈判对方偷偷翻阅了这些材料，原来是其他竞争者的"报价单"。等他重返谈判桌时，对方的态度便有了大转弯，让步不少，结果，谈判双方很快就达成了协议。其实，那些"机密材料"不过是他精心伪造的。

人际关系的心理学

一个人或一个组织，独有某种技能或某样秘诀，若没有竞争对手与之抗衡，他就会骄傲自满、漫天要价，或者丧失良知，牟取暴利。如果能假造更多的竞争对手，让对方以为自己不再是他人唯一的选择，可打击对方的气焰，令其主动让步。

为人处世的潜规则

3

故意责骂其中一个，让其他的自省

一天，参加工作不久的小杨多睡了几分钟，上班迟到了。

没想到，就这么倒霉，一跨进事务所的办公大厅，就遇到了面带愠色的所长。

小杨后悔莫及，他原本可以不迟到，如果坐出租车，但他想着坐出租花的钱比罚款还多，便放弃了。

“小杨，到我办公室来一趟。”小杨还没来得及回应，所长已扔下话，背着手进了顶头的办公室。小杨没敢怠慢，忙跟了进去。

一刻钟后，小杨低着头走出了所长办公室。

“小杨怎么这么不走运呢？”同事们正在为小杨叫屈……

所长从自己的办公室出来了，站在大厅，对大家宣布：从今以后，迟到一小时之内，每次扣五十元，罚款金额随次数翻倍。每月迟到三次以上取消年终奖。

听着所长明显带有怒气的话语，大家的耳朵都竖了起来…….

“所长要动真格了”，大家都有些不安。从那以后，早上迟到的人数明显减少了。

迟到的人数为什么会减少？

因为所长公开斥责迟到的小杨，令其他经常迟到的人自省，让他们不敢再无故迟到。

原来，该事务所，由某国家单位脱离、改制而成，人员不多却不好管理，原因是其中一半是在所里呆了好几年的老职员。改制以前，职员上班不打卡，偶尔迟到早退也没人计较。改制后，公司制定了新的上下班制度，不过，对于迟到者的处罚并不重，也就是象征性的一点罚款。也许是罚款力度太小，上班迟到的人一直不少。其中大多是老职员，工作年限长，不担心被领导批评，也不在乎那两个小钱。对此，所长很是头疼。

这不，好不容易逮着一个教训大家的机会，他自然不会放过。

所长的这种做法，叫什么？叫指桑骂槐、杀一儆百。

那么，所长何苦采取这种方式呢？

许多事实证明：不直接批评犯错误的下级，而故意责骂其他下级，让其有所警戒，比直接叱责更有效。尤其是面对一群人，当问题极为普遍时，抓一两个人当替罪羊去批评，更容易奏效。

俗话说，法不责众。很多人犯了错却不害怕，为什么？因为犯错的不只他一个，还有很多，甚至比他犯的错要多得多、严重得多。

小杨，明明可以坐出租车不迟到，他为什么不坐出租而宁可迟到呢？仅仅是罚款额度不够，坐出租的钱比罚款更多？其实，问题并不是那么简单。试想，如果在一个把迟到看得很严重的公司，很少有职员迟到，一个职员如果能坐出租而免于迟到，他会去算计坐出租划算，还是罚款划算吗？

小杨宁愿迟到而不坐出租的一个重要原因是，所里的人都不把迟到当回事，平常迟到的人不少。因此，小杨也不在乎偶尔迟到这一回。

作为一个聪明的管理者，应该有这样的意识：如果大家都很散漫，一个个纠正，太费时间和精力。同时，那些资历较老的职员也不一定能接受意见，搞不好，还激起民愤。这时，最好的办法就是对某个下属进行批评，以影响其他下属的行为。

通常，如果某个下属因散漫而被批评时，其他的下属心里会想，“上司是不是对我也不满？”“这样的过错我也犯过”。说不定，他还顿悟“原来上司是在说我，他并不责骂我，反而责骂他人来顾全我的脸面”，并为此感激不尽。如此一来，整个部门的气氛就因此而变得紧张起来，散漫的现象就会得到遏制。

这位所长正是出于这样的考虑，通过批评小杨来警告那些随意迟到的老职员。从结果来看，他的目的达到了。

值得一体的是，采用这种杀一儆百的指责方式，有一个重要的问题需要注意。那就是，“一”的选择——问题。

小杨为什么成了“一”？是不是小杨那天碰巧，偏偏遇到所长心情不好，站在大门口，无意撞见了？

多半不是，搞不好是所长看到小杨迟到了，故意站在门口，等着逮住小杨这只替罪羊。

那么，所长为什么会选择小杨？

也许是因为小杨资历浅，刚到所里不久，不敢蹶蹄子；也许是考虑小杨年轻，容易接受意见，乐于改正错误。更有可能，所长对小杨寄予厚望，私下对小杨有过期许。

这说明什么？

说明你所选择的替罪羊，要么不重要、要么温顺、要么与你亲近，是你的心腹。最好别选那种脾气暴躁、自尊心太强的人，那些与你有隔阂的人也最好不要选，否则适得其反。

人际关系的心理学

杀一儆百，不直接批评犯错误的下级，但故意责骂其他下级，让其有所警戒，比直接叱责更有效。尤其是面对一群人，当问题极为普遍时，抓一两个人当替罪羊去批评，更容易奏效。

为人处世的潜规则

4

故意暴露自己的“弱点”，麻痹松懈对方

如果你想击败一个强劲的对手，你会怎么做？在他的面前表现你的强悍？当然可以，如果你有足够的信心，如果你的实力远远超过对手。

不过，有可能你刚好遇到一个势均力敌的对手，还这么做，算得上明智之举吗？

先来读读日本著名的拳击手轮岛功一的故事，从中，我们会找到答案。

轮岛功一曾一度失败，失去了拳王宝座。他决心在下一次的比赛中将其夺回，于是便宣布向当时的拳王挑战。

在比赛前夕，召开了记者会，记者们很惊讶地发现，轮岛功一全身裹着厚重大衣，脸上还戴着口罩，并且不停地咳嗽。在场的记者们都感到不安，在此重大比赛的前夕，这位老兄的身体竟然是这般的状况，可真是太不幸了。

反观他的对手——身体强健、非常自信，似乎还未比赛，人们已经知道了此次比赛到底谁胜谁负。

然而，比赛的结果却大大出乎人们的预料，拳王宝座竟然被轮岛功一夺了回去。

这到底是怎么回事？

比赛前的轮岛功一的身体状况是真的很糟糕吗？不是，他在赛前记者招待

会的表现是一种表演，是为了“故意示弱”以麻痹对手，松懈对方的戒备心理。

正所谓“骄兵必败，哀兵必胜”，在很多时候，示弱恰恰是战胜对手的良策。

想想轮岛功一挑战的一届拳王，当他看到一个全身裹着厚重大衣，脸上还戴着口罩，并且不停地咳嗽的对手，他心里会有什么样的感觉呢？

他肯定会认为，这将是一场轻松的比赛；一个身体状况如此糟糕的人，绝对不是我的对手！

一旦形成了这样的错误意识，他甚至会觉得，某些该做的准备也可以不做了，即使做，可能也没有原先那么上心了，在比赛时，也可能不那么全力以赴。结果，就稀里糊涂地输了。

想想我们自己，不也有过类似的经历吗？就拿参加各种比赛前的心态与行动来说吧。

如果知道竞争对手很强大，我们通常会忐忑不安，同时也会全力以赴，会想尽一切办法提高自己的技能。我们还会研究对手的强项，针对对手的强项，苦练自己的基本功，不惜拼命。

相反，如果竞争对手相对较弱，我们会感到轻松，也比较自信，虽然仍在继续为比赛做准备，但不知不觉中，我们有点心不在焉，没有了警惕性，没有了破釜沉舟的决心，没有了奋力一搏的拼劲。

结果，在那些看起来难以取胜的比赛中，我们出乎意料地赢了；在那些看起来很容易取胜的比赛中，却莫名其妙地输了。

人们普遍有一种心理，对比自己强大或与自己势均力敌的人怀有警惕心，对于比自己弱的对手则会放松警惕。

古今中外，有多少人，不正是因为过于轻敌，而让对方有机可乘，让自己一败涂地呢！

魏明帝时，曹爽和司马懿同执朝政。司马懿被升做太傅，其实是明升暗降，军政大权落入曹爽家族。

司马懿见此情景，便假装生病，闲居家中等待时机。

曹爽骄横专权，不可一世，唯独担心司马氏。正值李胜升任青州刺史，曹爽便叫他去司马府辞行，实为探听虚实。

司马懿明析实情，就摘掉帽子，散开头发，拥被坐在床上，假装重病，然后请李胜入见。

李胜拜见过后，说：“一向不见太傅，谁想病到这般。现在小子调做青州刺史，特来向太傅辞行。”

司马懿佯答：“并州靠近北方，务必要小心啊！”

李胜说：“我是往青州，不是并州！”

司马懿笑着说：“你从并州来的？”

李胜大声说：“是山东的青州！”

司马懿笑了起来：“是青州来的？”

李胜心想：“这老头儿怎么病得这般厉害？都聋了。”

“拿笔来！”李胜吩咐，并写了字给他看。

司马懿假装看了后才明白，笑着说：“不想我耳都病聋了！”

手指指口，侍女即给他喝汤，他用口去饮，又洒了满床，司马懿对李胜说：“我不行了，可我的两个孩子又不成才，望先生训导他们，如果见了曹大将军，千万请他照顾！”说完又倒在床上，喘息起来。

李胜拜辞回去，将情况报告给曹爽，曹爽大喜，说：“此老若死，我就可以放心了。”

从此，对司马懿不加防范。

李胜一走，司马懿就起身告诉两个儿子说：“从此曹爽对我真的放心了，只等他出城打猎的时候，再给他点厉害让他尝尝！”

不久，曹爽护驾，陪同明帝拜谒祖先。司马懿立即召集昔日的部下，率领家将，占领了武器库，威胁太后，削除曹爽羽翼，然后又骗曹爽，说只要交出兵权，并不加害于他。等局势稳定了，司马懿就把曹爽及其党羽统统处斩，掌握了魏朝军政大权。

司马懿的故事进一步说明，遇到与自己势均力敌的对手时，处处显出自己的强悍，会增加敌人的警惕心理，很难取胜。这时，如果能够抓住敌人骄纵的弱点，示弱与他人，让敌人掉以轻心，这样反而能够取胜。

这一心理战术有很强的现实意义。今后，在面对挑战时，我们尽量不要让对方知道自己的虚实，如果我们拥有十分有利的条件，更不要轻易将它显示出来。相反，我们还应以适当的方式，故意暴露“弱点”给对方，以麻痹对方。

人际关系的心理学

人们普遍有一种心理，对比自己强大或与自己势均力敌的人怀有警惕心，对于比自己弱的对手则会放松警惕。因此，在很多时候，故意示弱可麻痹对手，松懈对方的戒备心理，最终战胜对手。

为人处世的潜规则

5

让顽固不化的下属，去说服与其状况相似的第三者

某杂志社新调来了一位副社长。

该社长一上任，就感觉不对劲。整个杂志社总共不过十来个人，但纪律涣散，迟到早退简直是家常便饭。

原来在此前半年多，该社没有社长，大小杂事几乎全由编务负责。编务是个女孩，年龄不大，与大家整天嘻嘻哈哈，自然无法承担管理的责任。

副社长新官上任三把火，首先抓的就是纪律。但上有政策，下有对策，职员们总是以采访为借口不按时上班。

对此，副社长一筹莫展。

通过一周时间的观察，副社长发现，员工之所以如此大胆，与统计考勤的编务有关。原来，编务与员工总是串通一气，互相包庇。

一天，副社长把编务叫到了自己的办公室。

编务以为副社长发现了自己帮同事作弊的事情，会狠狠地责备自己，不料，这位副社长并没有表现出一丝责备，反而装出为难的表情对她说："我现在遇到一些麻烦，需要你的帮助。"

"什么事情?"编务听了这话，大吃一惊。

"你也知道，我刚到这里，不熟悉情况，现在看来，大家对我的举措有些抵触，工作不好开展。我听前任社长说，你在大家心目中很有威信。所以找你帮

忙，帮我严格考勤。”

这位编务原本是抱着被批评的心态来的，没想到社长不仅没有责备她，反而非常信任器重她。回想自己这一个月以来，总是与同事联合起来欺骗新社长，她的心里隐隐有点不安。

她想，既然新社长这么相信自己，自己也不能辜负他的希望，于是，答应了社长的请求。

回去之后，她的态度就变了，私底下劝告几个要好的同事，让他们带头遵守纪律，自己则严格考勤，慢慢地，迟到早退的人少了，社里的管理也走上了正轨。

让顽固不化的员工去说服与其相似的第三者，可谓一箭双雕。被说服的既有顽固不化的员工，还有与其相似的第三者。

这种办法为何有如此功效？

心理学中的“角色表演”这个词汇可予以说明。“角色表演”是一种假说，即通过让某人扮演某个角色，让该人受到与该角色相伴随的“思考”的影响，从而改变自己本来的思想、主张甚至行为。

美国有位心理学家叫费斯廷格，他曾进行过一个非常有趣的试验：

首先让学生们进行一项毫无价值而且极其无聊的作业。然后让其中一半的学生返回，并对剩下的学生们说：“在你们之后，还有另外一批学生将来继续做同样的工作，他们正在外面等候。希望你们就这项工作是如何有趣和有价值向他们作出说明。”

无可奈何之下，这些被委以说服任务的学生们，将这项无聊的工作说成非常有意思的工作。

第二天，学生们又被招至一堂，要求他们重新就昨天的作业陈述意见。结果，那些中途返回的学生一致表示：“非常无聊。”而与此相对的是，那些担任“说服”任务的学生们大部分认为“很愉快”，态度转变了。

这个实验证实：当一个人的思维和行动存在矛盾时，这个人的思维有向行动靠近的倾向。

那些担任“说服”任务的学生们由于必须对第三者表演出来自内心的愉快，从而产生了真正有这种感觉的错觉。他们在无意识之中，促使感觉的判断走向了表演的行动。

上面所提及的编务便是如此。如果新社长正面劝解她不要与其他人同流合污，可能她会很反感。换一种方式，把对她的责备转化为信任，让她扮演说服别人的角色，这时候，她原有的观点与现在所扮演角色的行动就出现了矛盾。结果，她的思维向行动靠近，按照角色要求严格考勤。同时，在这一过程中，她自己也逐渐反省，并最终改过自新。

让顽固不化的员工去说服与其相似的第三者，组织管理者可以轻松地转变下属那些固执的观点与行为。

比如，让一个总是不遵守纪律的员工去管理那些同样不守纪律的员工，由他负责监督那些员工，不出意外，在他的监督之下，不守纪律的人少了，他自己的毛病也改了。

对于那些缺乏忠诚的员工，也可委以重任，让他们负责指导新职员，由他们负责向新职员灌输爱公司精神。相信指导期结束后，这些担任指导任务的职员们会发生显著的变化，他们的心中肯定会涌动起敬业的热情。

值得注意的是，对这些有问题的员工，在委以重任之时，不要指责他本人的问题，而要把委任当作与他的问题毫无关联。

——人—际—关—系—的—心—理—学——

“角色表演”心理战术，即通过让某人扮演某个角色，让该人受到与该角色相伴随的“思考”的影响，从而改变自己本来的思想、主张甚至行为。有关心理实验表明，当一个人的思维和行动存在矛盾时，这个人的思维有向行动靠近的倾向。这正是“角色表演”战术的理论基础。

——为—人—处—世—的—潜—规—则——

6

假借第三者的名义，了解对方的真实看法

某学校进行工资改革，人事办公室提交了方案。经领导会议讨论通过之后，召开各教研组长讨论会，没想到，会议上，大家都推脱对方案不了解而不置可否。

一天，人事主任遇到了地理教研组长。

“对这次的工资改革方案，有什么想法?”人事经理问。

“想法？比原来的有进步嘛！”

“我不是指你，我是说你们组，十几个人，不可能没有点想法吧?!”人事主任巧妙地追问。

“那倒是，让我想想。”

“组长的责任不就是上传下达吗？不用顾虑什么，这还只是草案。”

“大家觉得，与主科比，副科每周的课时量大，每节课的课时补贴还低很多，不公平。”

“嗯，这我们当初是有考虑的。”人事主任点点头，这下，她终于找到了了解组长们真实想法的办法——假装询问组员的想法。

随后，人事主任给每个教研组长分配了一个任务：收集各自组里组员对新方案的意见。

一周之后，组长会议再次召开，这一次，意见不是没有，而是很多。

第一次没有意见，第二次则意见多多，组长们的表现为什么会有这么大的差距？

其实道理很简单。人事主任采用的是不直接询问对方而借第三者来说出意见的方法。

在第一次讨论会上，人事主任征询的都是每个组长个人的意见，组长们自然会有很强的戒备心。他们都知道，这个方案是人事办公室提出的，而且是经过了校领导讨论通过的。如果自己提出异议，说不定就得罪了哪位领导，影响自己今后的晋升。于是，他们一律保持沉默。

而第二次会议，打的旗号是征集组员的意见。这样一来，组长们的顾虑就没了，不用担心自己会因放大炮而承担什么责任，遭受什么损失。形式上是借第三者之口而言，但实际上组员的意见大多就是组长自己的想法或心里话。

俗话说"人心隔肚皮"，几乎每个中国人都不习惯当着别人的面说出不中听的话，因为害怕伤了别人的面子，给自己找麻烦。也不习惯在不安全的情况下说出自己的真实想法，因为害怕负责，害怕说错话遭受惩罚。

这也就是为什么，在很多情况下，你去问一个人，他对某人或某事的看法，他多半不会直说，要么说不知道；要么跟你打哈哈，应付了事。

比如，你问一位上了年纪的人："您对于现在的年轻人有何看法？""很好、都很上进呢！"回答多半含糊其辞。

但是，如果你换一种方式，借询问第三者的意见发问："你们这一代的人又认为如何呢？"通常，你立马就能听到很多对年轻人的批评。

碍于情面，害怕负责等心理，一个人不愿说出自己的真实想法是值得理解的。鉴于此，如果想探知对方内心深处的真实想法，不要直接询问对方的意见或想法，相反，应该让对方由谈论与自己无关的话题开始，在轻松气氛中借他人之口道出自己的想法。这样，既能达到你的目的，也能避免让对方勉为其难。

此外，还可以假借第三者的名义说出自己的真实想法而避免得罪人。

比如，你的下属请求加工资，而他的表现很一般，你暂时不打算给他涨工资。但是，直接拒绝下属，会让下属难堪，滋生负面情绪，甚至因为这种情绪而影响今后的工作。于是，你采用缓兵之计，说："这件事不是我一个人决定，几个领导商量了之后再给你答复，好吗？"

下属一听，觉得你说的有道理，虽然没有马上得到答复，但并没有被拒绝，他的心里还抱有一线希望，对你也多一分好感。

几天之后，你再把这位下属叫到办公室，和颜悦色地对他说："我很希望能给你更好的待遇，只是大家认为，你的工资……希望你好好干，明年我们会优先考虑你的。"下属离开了，无疑他会有些失落，但他不会有恨，至少，因为善用技巧，你个人不会遭到下属的怨恨。

同样，对于下属而言，这套办法也可用来应对上司。

"你们部门人手比较多，把小平让出来怎么样？"

"小平？他专门负责西部的客户！"

"把西部的客户分给另外三个人不就行了吗？"

"我倒没什么意见，只是怕其他三个受不了，你也知道，一个刚生了孩子，一个有胰腺炎。"

上司想想也是，再也不打这个部门人事调动的主意。假借第三者的名义，拒绝了上司，却没有得罪上司，真不失为一个好办法。

人际关系的心理学

中国人说话普遍讲究情面，害怕祸从口出，如果想探知对方内心深处的真实想法，不要直接询问对方的意见或想法，相反，应该假借第三者的名义，让对方由谈论与自己无关的话题开始，在轻松气氛中借他人之口道出自己的想法。

为人处世的潜规则

7

向对方报忧时，要坏话缓说

有这么一个小故事：

一个女生上课时对老师说："我昨天打破了我爸爸的古董茶壶。"

"你父亲有没有很生气？"老师问她。

"没有啊！我对他说'爸爸！我给您泡茶，泡了这么多年，都很小心，可是今天不晓得怎么搞的，把茶壶打破了。'"女生说：

"我爸爸先一怔，然后笑笑，故作没事地说'破了就破了，东西总会破的，改天再买一个新的吧！'"

她这话，全班都听到了。

无巧不巧，隔几天，另外一个女生也为她爸爸泡了好几年的茶，也打破了古董茶壶。

她想起前面女生说的话，照样去向她父亲报告，却被臭骂一顿。

"爸爸！我打破了茶壶。"她战战兢兢地报告。

"什么？把茶壶打破了，那是古董啊！"老爸脸色大变。

"爸爸！可是我今天不晓得怎么搞的……"她解释。

"你心不在焉！粗心！"

"可是，我给您泡茶，泡了这么多年……"她又解释。

"你还强辩？"老爸吼了起来。

为什么，这两个女生，犯的是同样的错，但得到的对待却大不一样？

是因为两位父亲性格迥异？也许是，也许不是。不过，如果从两位女生的角度来讲，她俩不同的说话方式正是造成不同待遇的直接原因。

第一个说话有技巧，讲究说话的秩序，“坏话缓说”，先说功劳后说失误；第二个没有技巧，不讲究说话的秩序，“坏话先说”，先说失误后说功劳。两者相比，前者的说话方式大大减缓了失误给听话人的冲击。

想想看，第一个女生的父亲，先听到女儿说“我给您泡茶，泡了这么多年，都很小心”，心里一定会很舒坦，很受用，庆幸自己有这么一个孝顺的女儿。再听到“可是今天不晓得怎么搞的，把茶壶打破了”这句话，恐怕一时突然，缓过劲来，也心疼、气恼，但转而一想，为一个古董茶壶对这么孝顺的女儿大发雷霆实在不值，于是，也就忍着火不发了，甚至没了火，只有遗憾。

而第二个打破古董茶壶的女孩，直接去向自己的父亲报告坏消息，坏消息来得太突然，冲击太大，做父亲的自然会脸色大变，加上儿女不了解父亲当时的心理，试图为自己辩解，由此激怒了父亲，遭受了责骂。

从小到大，我们都有过向人报忧的经历。

小的时候向父母报忧，常常提心吊胆，害怕父母不听完我们的申辩，就厉声呵斥；长大成人以后，工作出了问题，我们不得不向上司报忧，如果事关前途，那份担心并不亚于幼小时的惊恐，总害怕上司只看结果，却看不到我们为此付出的努力。

其实，事情也并非我们想象的那么悲观，如果你多少了解父母或上司的心理，如果多留意说话的技巧，化险为夷也是完全可能的。

化险为夷的关键在于报告坏消息时要坏话缓说。

也即是说，在报告坏消息之前，先要作些铺垫，这些铺垫可以是你已经获得的些许成绩，也可以是你所做出的种种努力。

不论是听到你的成绩，还是听到你苦干的消息，父母和领导都会高兴或感动的。在他高兴、感动之时，再听到你的坏消息，他的承受能力会强很多，对打击的感受会小很多。

我们不妨来看看曾国藩在大败太平军后是如何应对清政府的。

1845 年，为作战太平天国，曾国藩创办了湘军。之后于 1855、1858、1860 年三次出击，三次大败，几乎全军覆没，曾国藩自己也几次差点掉脑袋。

通常，作为一个败将，是会被朝廷问罪的，可是他非但没有被问罪，反而加官晋爵，升任两江总督。在很大程度上在于曾国藩的“坏话缓说”。

师爷在给清政府写战况报告时，如实汇报了战争之惨烈，声称时常处在“屡败屡战，屡战屡败”的境地。

曾国藩一看，惊出了一身冷汗。他想：朝廷看到这个报告，必定认为自己指挥无能，湘军打仗无能，这还了得！

曾国藩毕竟也是个文才，他用笔轻轻一勾，把两个词的顺序颠倒了一下，变成了“屡战屡败，屡败屡战”。这下，湘军不怕牺牲、前赴后继顽强作战的英雄气概和形象跃然纸上。

果不其然，朝廷看过战况报告后，并没有因为湘军打了几个大败仗而怪罪，相反，在清政府看来，曾国藩就不再是一个屡战屡败的将领，而是一个百折不挠，在困境中坚持战斗的英雄人物。

对这样的英雄人物，朝廷还会怎么办呢？自然，曾国藩得到了朝廷的封赏。

人际关系的心理学

坏话缓说，在报告坏消息之前，先要作些铺垫，这些铺垫可以是你已经获得的些许成绩，也可以是你所做出的种种努力。由此可大大减缓坏消息给听话人的冲击。

为人处世的潜规则

8

运用“惯性法则”，在进入正题前，引导对方说“是”

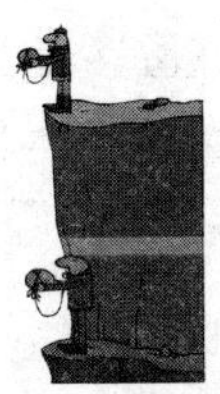

如果你希望自己的提议能得到对方的赞同，不妨在谈话开头，就持续地问一些对方肯定会以“是”作答的问题。

一些老练的推销员，在进入真正的推销话题前，总会随意地与客户聊上几句：“今天的天气真不错啊！”

“小区的绿化真好啊，住着很舒心吧？”

“这些花好漂亮，是您种的吧？”

“这只猫很名贵吧？”

……

以这种方式去询问客户，客户一定会回答：是。

只要客户说“是”，推销员就可以进入主题，说：“我是某保健品的推销员，这里有一些保健品的宣传册，请随便看看。”

客户或许会不经意地回答：“喔！是吗？”

推销员马上又会说：“我是否可以为您稍作解释？”

这种口气之下，客户一定会答道：“请。”

这样，推销便有了成交的希望。

这些推销员之所以能顺利进入推销正题，得益于他们对人们一种心理倾向的了解与利用。

从心理学角度来讲，一个人如果一开始就说“是”或连续说几个“是”，那么对下一个问题便会有说“是”的心理倾向。反之，如果一开始就说“不”或连续说几个“不”，那么对下一个问题便会有说“不”的心理倾向。在心理学上，这种现象被称为“惯性法则”。

一般而言，相比拒绝的心理倾向，人们接受的心理倾向会更强烈一些。研究发现，当一个人对某件事说出了“不”字，无论在心理上和生理上，比他往常说其他字要来得紧张，他全身组织——分泌腺、神经和肌肉——都聚集起来，成为一种抗拒的状态，整个神经组织都准备拒绝接受。

相反，一个人说“是”的时候，没有收缩作用的产生，反而放开准备接受。

所以，与人开始谈话时，应尽量选择意见一致的话题，让对方先说“是”，让他产生一种可以接受的“惯性心理”。这样，他就难以将“不”说出口。

这一技巧不仅便于销售人员争取到客户，也便于我们在日常工作与生活中说服对方，赢得赞同。

下面我们来看看，一位懂得“惯性法则”的项目负责人，是如何就年终奖与总经理对话，并达到目标的：

“总经理，公司今年的业绩很不错吧？”“是的，还不错。”

“我们部门贡献的利润是最多的吧？”“是的，应该是。”

“我负责的那个项目是最赚钱的吗？”“是的，要再接再厉喔！”

随后，进入正题，“那，今年按利润比例给我们组发奖金没问题吧？”“是的……”

就这样，原本可能拒绝下属的总经理，最终回答了“是”。因为，他已经形成了上面所提及的心理倾向。

在生活中，这一技巧也大有用武之地。

一个女孩想要一条漂亮的连衣裙，害怕母亲拒绝，于是，她巧妙地询问母亲。

“妈妈，我很争气吧？”“是的……”

“我这次考第一名，您很高兴吧？”“是的，很高兴。”

“我很少问你们要东西，是吧？”“是的……”

母亲回答的都是“是的”。最后，女孩进入正题，“那么，我想要一条连衣裙，不过分吧？”

结果，母亲心甘情愿地给孩子买了一条漂亮的连衣裙。

事实证明，了解人的惯性心理，并利用这一心理很容易抓住人心。

当然，这一心理的利用是有技巧可言的，一个最关键的地方在于问题的设计。问题设计的好坏，直接关系到事情的成败。如果问题设计得不好，即便在谈话开头，对方已连续地说了几个“是”，但如果下一个问题让他必须说“不”，你前面的努力也可能白费了。

为此，在与对方谈话之前，一定要花心思揣摩对方的心态，选择那些绝对不会产生分歧的话题，并精心设计问题。

人际关系的心理学

心理学角度来讲，一个人如果一开始就说“是”或连续说几个“是”，那么对下一个问题便会有说“是”的心理倾向。反之，如果一开始就说“不”或连续说几个“不”，那么对下一个问题便会有说“不”的心理倾向。在心理学上，这种现象被称为“惯性法则”。

为人处世的潜规则

第四章

胆大心细，有备无患

胆大心细，胆大即自信，有野心；心细指要注重细节。一般后面还要加一句，脸皮厚，而脸皮厚则指要执著。无论是在情场还是在商场，只要你将“胆大、心细、脸皮厚”七字真经发挥得恰到好处，你都会是个成功者。

1

摆正自己的位置，不该管的别管，不该做的别做

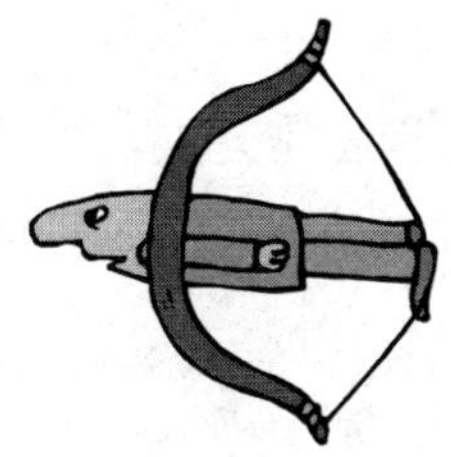

郑明在某厅级单位的秘书科工作，是单位里的一支笔，厅长的发言稿、机关的年度工作报告，基本上都由她执笔。

勤勤恳恳工作了10多年，郑明自觉表现不错，以为自己能升职，却不料被调到一个下属单位的资料室当副主任，表面上是升了职，实际上是降了职。

对此，郑明很不理解。她认为是有人嫉妒她，看她不顺眼，故意把她整走的。

不过，郑明的上司却有着不同的看法。他说，单从业务的角度，郑明的确不错，有经验，有能力，但她没有摆正自己的位置。

原来，郑明的职责范围只是协助领导做好文字工作，但到了基层，她常常把自己当成领导，对别人的工作指手画脚，令基层单位误以为是领导的意思，影响工作的正常进行。此外，因为经常与领导接触，很多消息她都比别人先知道，比如人事安排、评优评先等。这些消息在公布之前往往是需要保密的，可她似乎没有这种意识，只要别人在她面前美言几句，她就一股脑全说出去了。

郑明所犯的错误是什么？

就是职场人常犯的错误——越权。何为越权？

就是指不该说的说，不该管的管，不该做的做，实际权力超越职位权力。

在实际工作中，越权很容易遭致他人的反感，哪怕是好心。

用句通俗的话来讲，越权是“种别人的地，割别人的庄稼”。越权侵犯了他人的权力，无形中显示自己的优越性，是对对方不够尊重的表现。不论是下属对上司越权，还是上司对下属越权，都是一种错误的行为。

有的下属自以为与上司的关系密切，先斩后奏，把本不该由自己定的事定了，然后汇报，迫使上司就范，甚至斩也不奏，封锁消息，自己说了算。诸如此类的行为，严重地降低了上司的威严，自然会引起上司的不满。

而有的上司，不能容人之短，因为看到下属的某些缺点或弱点而无法信任下属，总是“越权”干预事务，事必躬亲、事无巨细。

殊不知，“越权”具有很大的危害性。首先，不利于工作正常开展。如果有人“越权”，对工作横加干预，或有意无意地过问、插手、表态，这就打乱了正常工作秩序。

其次，不利于调动下属的积极性。如果“越权”行事，包办一切，会影响下属工作的积极性，同时也就影响了人才的锻炼和成长。

再次，不利于于团结。“越权”，实际也是一种“侵权”现象。对下“越权”，使下属有职无权，下级会认为上级领导对自己不信任，感觉自己不被重用。如果下属对上“越权”，上级领导会认为下级目无领导、不自量力，结果都会影响工作和团结。

那么，一个人，如何才能避免越权行为的发生呢？

最关键的是增强自我角色意识，时时检查自己应该干什么。每个人在生活中都要扮演不同的角色。比如一个中年人，是个中层干部，他要有这样的意识：在孩子面前是家长，在家长面前是晚辈，在上级面前是下级，在下级面前是领导。如此按客观实际认识自己，才叫有自知之明，才能把自己放到适当的位置，在不同场合，扮演不同的角色。

如果你是上司，下属“越权”，你不妨采用以下措施：

明确职责范围，进行“一级抓一级”的教育。有的“越权”，动机是好的，但行为不当，必须指出越权这一问题的危害性与严重性。

维持现状，下不为例。有的下属“越权”，决定和处理的问题可能与主管领导的思路、决策相吻合，是正确的，有的地方可能还干得更漂亮，成绩更突出。这类“越权”的结果可以自然维持下去，但要告诫下属下不为例。

因势利导，纠正错误。下属“越权”处理的问题有错误，要予以纠正，还要就问题的重要性进行相应的批评，使下属吸取教训，认清越权危害。

如果你是下属，上司“越权”，你可以这样做：

主动承担责任，表现自己，赢得信任。在职场，上司往往会因为担心下属的能力有限或人品不好而不信任下属，导致不敢放权，还频频“越权”。作为下属，遇到这种情况，最好的办法是以实际行动说话，主动承担责任，让上司看到你的能力，相信你的品行，从而消除顾虑，大胆放权。

主动与上司沟通，让上司明晰权责。上司越权，很有可能是习惯使然。也许在越权时，上司并未意识到自己是在越权。遇到这种情况，不妨主动与上司沟通，确认自己的任务及责任。在不经意中，让上司容易意识到你们各自的权限。

这样，上下级就能各司其职、各负其责、照章理政，较好地防止“越权”现象的发生。

——人—际—关—系—的—心—理—学——

越权，就是指不该说的说，不该管的管，不该做的做，实际权力超越职位权力。在实际工作中，越权很容易遭致他人的反感。越权侵犯了他人的权力，无形中显示自己的优越性，是对对方不够尊重的表现。不论是下属对上司越权，还是上司对下属越权，都是一种错误的行为。

——为—人—处—世—的—潜—规—则——

2

第一印象往往是不可靠的，避免仅凭第一印象判断人

“一只披着羊皮的狼!”

“咱俩半斤八两,你也好不到哪儿去!”

“我怎么会找你这样的人结婚?”

“只怪你当初瞎了眼?”

“不是我瞎了眼,而是你太善于伪装!”

“伪装,我伪装什么了?”

“明明脾气暴躁,却装得文质彬彬。”

“你不拿镜子照照自己? 明明是只母老虎,却扮成一只小绵羊!”

……

现实生活中,夫妻间这类的争吵很常见。这说明了什么? 说明夫妻双方婚前接触时间太短以致了解不够?

事实并非如此。很多青年男女走在了一起却相互不了解,往往不是接触的时间太短,而是受第一印象的误导。

试想,两个年轻人,偶尔相遇或是经朋友介绍而相见,两个人初次约会或见

面，他们会有什么样的期盼？

是不是希望给对方留下美好的第一印象？当然是。

为什么？

因为双方都知道第一印象对彼此是否继续交往以及后续交往是否顺利有着决定性的影响。为此，在初次见面时，他们总是把自己最美好的一面展示给对方，或许有意地伪装自己的缺点，或许无意地掩饰自己的不足。结果总是，男的表现得很绅士，女得表现得很淑女。

在接下来的交往中，不可避免地，随着关系的深入，双方都会发现另一方给自己的感觉与最初的不吻合，但是，因为受“第一印象”的影响，双方都以最初的印象去纠正后面的印象。

后来两人结了婚，大家都觉得没必要再伪装、掩饰了，露出了真实面目，结果双方都大呼上当。于是，出现了开头的争吵。

社会生活中，含有许多不真实因素的第一印象不仅仅存在于相互取悦的恋人之间，也存在于不同的关系之中，比如初次见面的陌生人、上司与下属、亲戚与朋友，等等。

一个文字编辑去应聘一个职位——记者，其实他并不喜欢外出与人打交道，也不擅长，但考虑该工作待遇诱人，他提出了申请。

为了求职成功，他把自己从内到外装饰了一番，装扮自己的着装，操练自己的举止，修改应聘材料上自己的特长与性格爱好。

结果，招聘者被他迷惑了，他以良好的第一印象获得了这份工作。但是，不到一个月，他就离开了，因为他不仅不喜欢这份工作，也胜任不了。

谁都知道第一印象的重要性。因此，一个人第一次去见某个重要的人，总会精心地打扮自己，在言语方面加以注意，有意或无意地掩饰自己的真实情感。在这样的掩饰下，第一印象的真实性大打折扣。

通常，第一印象对于两人的关系发展越重要，其真实性就越可能打折。

也正是因为这个原因，仅凭一个人留下的第一印象就妄加判断这个人是冒险的。

为了能对初次见面的人有一个更客观的认识与判断，在观察对方时，我们应该综合更多的因素。

一般而言，与对方初次见面，判断对方的性情与才能，我们通常是通过

"听",即以对方所说的话为依据。然而,作为判断依据,口头语言具有很大的局限性。一是传递的信息有限,二是真实性有限。

相比口头语言,肢体语言所传达的信息要多很多,而且往往更真实。因此,我们要多留意对方的肢体语言。

不过,肢体语言不是靠"听",而是靠"看",所以,观察一个人,我们既要"听"又要"看",而且要"看"重于"听"。

那么,看的时候,重点看些什么呢?

人们看的通常是一个人的面相。不过,仅从一个人的面相去判断对方同样容易犯错。

美国总统林肯曾因为相貌偏见拒绝了朋友推荐的一位才识过人的阁员。广招人才的孙权也因相貌丑陋,把与诸葛亮比肩齐名的奇才庞统拒于门外。实验也证明面相学并不具有足够的科学性。

因此,除了看人面相,我们更应多观察对方的表情、举止、行为习惯,留意对方的言行举止是否一致。

如能做到这一点,定能获得更多更真实的信息,作出更正确的判断、更明智的选择。

——人—际—关—系—的—心—理—学——

仅凭一个人留下的第一印象就妄加判断这个人是冒险的。因为第一印象里通常含有许多不真实的元素。为了能对初次见面的人有一个更客观的认识与判断,在观察对方时,我们应该综合更多的因素,既要"听"又要"看",而且要"看"重于"听"。

——为—人—处—世—的—潜—规—则——

3

在评价一个人之前，要全面地观察，客观地分析

某重点中学分来了几名大学生毕业生，其中一名女生很显眼。她身高1.75m，不仅身材好，脸蛋也很漂亮。

该女生一报到，就引起了大家的关注。

迎新晚会上，学校几位领导对该女生表示了特别的好感，不论是新老师讲话还是唱歌娱乐，总是第一个叫到她。大家都在私底下议论，她会成为学校的重点培养对象。

果不其然，学校安排她担任某班的班主任。

按照学校原来的规矩，新老师是不能当班主任的，因为缺乏经验，加之教学工作也很费时间与精力。不过，领导们认为她有这个能力。

新学期开始了，这名女生战战兢兢地走上了工作岗位，担任一个班的班主任，还担任两个班的教学工作，算是重担在肩。

一开始，工作还算顺利，她一心扑在工作上，学生也都很喜欢她。

可好景不长。因为没有管理学生的经验，她对学生太讲“自由、民主”，结果，她所带班的课堂纪律很差，课堂纪律不好，学生的成绩自然也不好。

半期考试下来，她班各门学科的平均分都比平行班的低。她自己上的那门课的成绩也很不理想。

对此,学生家长很不满,一学期未结束,就有好几位家长到学校要求换班主任,最后学校扛不住,只好撤了她的职。

对于一个刚刚参加工作的人来说,这个打击实在不小,此后,她一蹶不振,好不容易熬到本学年结束,她便申请了调离。

事情发展到这一步,不论是学校领导还是她本人都始料不及。问题究竟出在哪里?不可否认,领导用人不当是其中的一个关键因素。

从心理学的角度来讲,领导用人不当,在于受了"晕环效应"的影响。

"晕环效应"是说,人们在判断事物时,以点代面、以偏概全,看到对象的某个缺点或优点时,把它扩大化到对象的整体。

比如对某人印象好时,便感到他一切都好;当对他印象不好时,则认为他一无是处。

在生活中,这样的现象比比皆是:

最突出就是"情人眼里出西施",一对恋人,因为喜欢对方的某个地方,便觉得对方什么都好,看哪儿都顺眼。

某员工干好了一个项目,公司领导便认为这名员工聪明、能干、知识全面、经验丰富。

孩子某一段时间成绩不好,父母便认定孩子没有专长、没有前途,将来会一事无成。

……

为了更深入地分析这类现象,美国的心理学家戴恩·伯恩斯坦曾做过这么一项实验:给参加实验的人一些人物相片,这些相片被分为有魅力、无魅力和一般魅力三种,让实验者评定几项与外表无关的特征,如婚姻、职业状况、社会和职业上的幸福等等。结果,几乎在所有特征上,有魅力的人都得到最高的评价,仅仅因为长得漂亮,就被认为具有所有积极肯定的品质。

这个实验证实了"晕环效应"的存在。

不可否认,"晕环效应"这种以点代面的判断有时是正确的,可是错误的时候往往更多。在判断一个人的道德品质或性格特征时表现得最为明显。它妨碍我们去全面地观察、评价人,使我们不能从消极品质突出的人身上发现其积极的品质和优点,也不能在积极品质突出的人身上看到其缺点和不足,对人作出"一无是处"或"完美无缺"的评价。

事实上，在现实生活中，一无是处和完美无缺的人都是不存在的。

为什么我们会受“晕环效应”的影响呢？如何才能克服“晕环效应”的消极影响呢？

首先，我们得养成客观全面看待事物的习惯。对己对人都要力求客观。在评价一个人之前，要全面地观察，然后再进行深入的分析。

此外，要善于倾听和接受他人的意见。正所谓“旁观者清，当局者迷”，集思广益可以有效地防止晕轮效应的负作用。

当然，我们也不妨利用晕轮效应的影响来增加自身的吸引力。

比如与人交往时，尽量表现自己的优点，让对方先入为主，由我们的某些优点设想到更多的优点，从而获得对方肯定积极的评价。

人际关系的心理学

“晕环效应”，是指人们在判断事物时，以点代面、以偏概全，看到对象的某个缺点或优点时，把它扩大化到对象的整体。这种以点代面的判断有时是正确的，可是错误的时候往往更多。为此，看待事物时，我们要力求客观全面，并要善于倾听和接受他人的意见。

为人处世的潜规则

4

牢记对方在小事情上的好恶，赢得对方的好感

年仅 18 岁的安东尼·第莫克，刚从菲利普斯学院毕业，他的工作是替一个经纪人做些杂务，一星期挣一块半工钱。他的老板见他很可爱，便给了他一个机会去销售铁路公债券。

第莫克知道纽约银行行长摩西·泰勒对这条铁路非常感兴趣。于是，他想找个机会与这位行长搭腔。

但是，自己该对这位著名的大人物说些什么话呢？

当第莫克走到行长的办公桌前时，他听到行长正在对一个喋喋不休的人不耐烦地说："讲到正题上来，讲到正题上来。"

过了一会儿，行长摇着头把那人赶了出去。

接下来，行长向他点了点头，示意他过去。于是，第莫克把公债券放到行长的桌子上，说道："97。"

行长很奇怪地看着他，把他的支票簿拿了过去，问道："叫什么名字？"

"伯兰克先生"。

当行长签好了支票，又问道："伯兰克先生给你什么回扣？"

"0.25%"

"这太少了，让他给你 1% 的回扣，如果他不照这个数目付给你，就由我来代

他付。”

就这样,第莫克成功地卖掉了他的公债券。更重要的是,他的表现引起了行长的注意。

行长后来还继续向第莫克买公债券,并且还在许多别的事情上给予了他实际的帮助。在30岁的时候,第莫克成为了拥有百万家产的巨富。

小小年级的第莫克何以引起行长的注意,并且赢得行长的好感?

因为他善于观察、眼光敏锐,看出了这位银行家在小事情上的好恶:喜欢简洁的语言,对那些多余的繁文缛节异常地反感。

第莫克牢记了这一点,在与银行家交涉的时候,就以极为简洁的谈话来打动他,绝不说丝毫的废话。

在生活中,一些小事情上,很容易被我们忽略。也许,有人认为,如今是飞速发展的时代,太注重小事情、小细节会影响办事效率。事实并非如此。关注对方在小事情上的好恶可以获得意想不到的回报。

相反,如果忽视对方在小事情上的好恶,则可能造成严重的后果。

为什么会这样?

因为关注对方在小事情上的好恶,表示关心对方、尊重对方,替对方着想;相反,忽视对方在小事情上的好恶,则意味着你不在乎对方,当然也谈不上尊重对方,为对方着想。

假设你与一位同事出去吃饭,说好了AA制付款,他明明知道你不喜欢吃猪肉,他点的菜大部分都与猪肉有关,你怎么想?是不是觉得他很自私,会不会在心里发誓再也不跟这号人吃饭了?

如果换一位同事,他点菜,首先就说,你不爱吃猪肉,我们多点一些别的肉类,你的感觉会怎样?是不是对他顿生好感?以后有机会,是不是偷偷留意他的好恶,希望有一天能为他做点什么?答案是肯定的。

这说明什么?说明关注并牢记别人在小事情上的好恶,并不只是一件小事情,而是人际交往的一个技巧,是征服他人的一个窍门。

哈佛商业学院院长多纳姆说过:“虽然没有一本讲商业的书会郑重地告诉你,如果你的老板有一种憎恶打红领结的人的癖性,这就是你所应当知道的事情。然而,多注意一下像这样的人的脾气却也是很重要的。”

这话很有道理,在职场,为了工作更加顺利,留意他人在小事情上的好恶,否则,可能遭受意想不到的挫折。

吴军是从事广告工作的,到一家大型集团公司上班一个月不到就被辞退了,公司的理由是:能力不突出。

事实上,这是托辞。吴军在试用期间,并没有机会单独负责项目,只是做一些辅助性的工作,比如进行市场调查、寻找客户、参加交流会等,照说,这样的工作还看不出策划能力。

那么,他被辞退的真实原因是什么呢?

说出来也觉得不可思议,是他太不注重个人形象!

原来,吴军遇到的部门经理特别讲究形象,甚至有点过犹不及。其实,因为时间的关系,这位经理也不是很了解吴军的能力,但她心里很清楚,自己无论如何不能与一个总是拉里邋遢,甚至会穿两只不同颜色的袜子来上班的人一起工作。就这样,吴军失去了这份来之不易的工作。试想,如果吴军稍微细心一些,能多多留意周围人的好恶,多观察观察对方的神色变化,也许他能留下来,并有所作为。

——人—际—关—系—的—心—理—学——

越是他人的细小之事、细微之处,你记得越清楚,对方就越可能感动。一般而论,只有那些让你感兴趣、让你欣赏、让你关心的人,你才会记住他(她)的细微之处。如果一个人记得另一个人的细微之处或细小之事,他(她)传递给对方的信息是:我对你感兴趣、我欣赏你,我关心你。

——为—人—处—世—的—潜—规—则——

5

对看起来很小的过错，不能掉以轻心，以防问题丛生

一家公司成立不到三个月的时间，为了规范员工的行为，公司实行上下班打卡制度。

一次，下午上班时间已过了一个小时，某公司的职员拎着一大堆日用品匆匆赶回办公室，恰好被一位领导撞见。

“干什么去了？”领导问。

“对不起，最近太忙，没时间去买东西，趁午休我顺便买点。”

“快点进去吧！”领导说，虽然声音压得很低，但大厅办公的职员都听到了。

按照公司的规定，员工故意旷工，一个小时得扣当天的一半工资。领导之所以没有严厉批评这位女职员并扣她的工资，是考虑到公司这段时间总是加班。

可其他的职员并不了解这位领导的心意。领导的这次“宽容”壮大了他们的胆子，另外的一些人也开始午饭后去购物。

对此，公司领导也不是不知道，只是考虑到员工的确很辛苦，经常加班，所以也就睁只眼闭只眼，直到某一天。

那天，公司的一位重要客户取消了与公司的合作。

原来，负责接洽这位重要客户的员工午餐后与同事去购物，忘了约见客户

这事，结果，让这位客户足足等了一个小时，客户心中大为不快，自然不愿再与该公司合作。

事后，公司领导才意识到了问题的严重性。

该公司的管理问题在哪？在于对员工的小过错，掉以轻心，没有及时地做出恰当的反应，以致让小错误发展为了大问题。

在社会心理学范畴，这种现象被称为“破窗效应”。

这一理论来源于一项试验：

美国斯坦福大学心理学家詹巴斗曾进行了一项试验：他把两辆一模一样的汽车分别停放在两个社区，一个是帕罗阿尔托的中产阶级社区，一个是相对杂乱的布朗克斯街区。对停在布朗克斯街区的那一辆，他摘掉了车牌，并且把顶棚打开，结果不到一天就被人偷走了；而停放在帕罗阿尔托的那一辆，停了一个星期也无人问津。后来，詹巴斗用锤子把这辆车的玻璃敲了个大洞。结果，仅仅过了几个小时，车就不见了。

以这项试验为基础，政治学家威尔逊和犯罪学家凯林提出了一个“破窗定律”。他们认为：如果有人打坏了一栋建筑上的一块玻璃，而这扇窗户又没有得到修复，别人就可能受到某些暗示性的纵容，去打烂更多的玻璃。久而久之，这些窗户就给人造成一种无序的感觉。结果，在这种公众麻木不仁的氛围中，犯罪就会滋生、蔓延。

这个定律告诉我们，对组织秩序的任何偶然的、个别的、轻微的损害，如果不闻不问、反应迟钝或纠正不力，其后果可能就是纵容更多的人去破坏它。

比如，在安静的自习室，刚开始没有人说话，突然有人讲话，老师没有及时制止，于是，说话的人越来越多，说话声越来越大，直到最后人声鼎沸。

又如，一家新修的医院，地面很洁净，刚开始没人乱扔垃圾，后来，慢慢有人吐痰、扔垃圾，对此行为，医院没有反应，要不了多久，人们就会随地吐痰、乱扔垃圾，直到医院的地面不堪入目。

“破窗效应”揭示了环境具有强烈的暗示性和诱导性。任何一种不良现象的存在，都会传递一种信息，导致这种不良现象无限地扩展。

正如上面的案例。实行打卡制度之后，员工不遵守纪律，领导发现后，并未予以严厉的批评与处罚。领导的姑息传递给员工一种什么样的信息？当然是错误的信息：偶尔在上班时间干点私事也是可以原谅的。有的职员甚至可能理解为：上司实行打卡制度只不过让我们稍稍规范一些，只要不影响工作，偶尔犯规也无大碍。有了这样的想法，大家纷纷效仿第一名职员午饭后购物，出现上班时间不在岗，以致耽误工作的事情也就不足为奇了。换一种说法，如果该公司的领导了解“破窗效应”，第一次发现员工故意不遵守规章制度就予以严惩，事态就不会如此了。

为了防止这种情况，最好的办法就是及时修好“第一扇被打碎玻璃的窗户”。也就是说，认真对待那些看起来很小的过错，决不掉以轻心。

比如，不允许员工在公司随地吐痰，一旦发现某人随地吐痰，就按照规定罚款；要求大家在开会期间关掉手机，一旦发现某人违规，就严厉批评；要求大家按时上下班，一旦有人迟到早退，就按制度处罚；规定完不成任务的扣奖金，的确未完成的，不管什么理由，先按照规定扣了再说。

如此这般，只要能坚持，小过错就不会成大灾难，人们就能遵守规章制度，遵守公德，积极努力地工作。

人际关系的心理学

“破窗效应”，对组织秩序的任何偶然的、个别的、轻微的损害，如果不闻不问、反应迟钝或纠正不力，其后果可能就是纵容更多的人去破坏它。为了防止这种情况发生，应及时、认真对待那些看起来很小的过错，决不掉以轻心。

为人处世的潜规则

6

不要忽视“小人物”，更不要得罪“小人物”

王瑞是一家公司销售骨干，凭着自己的智慧和胆略，他为公司的产品打开国内市场立下了汗马功劳。为此，深受老总的器重。

王瑞踌躇满志，以为销售部经理一职非自己莫属。然而，他的希望落空了。

原来，公司董事会要提拔他为主管销售的副总经理，但在提名时遭到人事部门的强烈反对，理由是销售部的负责人必须有良好的人际交往能力，而他则不具备这一能力，大家都认为他骄傲自满、不懂人情世故、不善于和同事交往……

销售部经理一职由他人担任了，王瑞只好拱手交出自己创建并培养成熟的国内市场。为此，他非常痛苦和不解。

他不知道自己失败在哪里？

后来，一位与他关系较好的同事告诉他：他的问题是得罪了身边的“小人物”。

有一次，他出去为公司办理业务，需要一批汇款，在紧要关头却迟迟不见公司的汇票，使得业务活动“泡汤”，令他很难堪。实际上是一个出纳员给他穿了一次小鞋。因为，平时他对这个出纳不冷不热，根本没有把她放在眼里。

还有一次他在外办事，需要公司派人来协助，却不料，人还在路上就被撤回去了，原来是一些资格较老的人觉得他“目无尊长”，在工作上从不与他们交流……所以想尽办法拖他的后腿，让他的工作无法展开。

诸如此类的事情，王瑞遇到的也不止一两次。他没想到，就这样，自己的前途栽在了那些平日里他不在意的“小人物”手里。

王瑞的教训是深刻的。在职场上，有很多能力超群、业绩突出的优秀人才，往往因忽视“小人物”而大栽跟头，壮志难酬。

有的人甚至发出这样的感叹：在职场里，不应该忽视“小人物”，更不应该得罪“小人物”。

为什么要重视“小人物”？

一是“小人物”可能帮不上你，但是他能够坏你的事，影响到你的业绩和升迁。“小人物”通常有一种自卑的心理，越是自卑的人越在乎那点所谓的“自尊”。你对他们哪怕是一丁点儿的侵犯，他们都认为是对他们极大的侮辱而对你进行疯狂的报复。况且对“小人物”来说，要在你身上找点毛病、失误，实在是易如反掌。

二是“小人物”的潜能往往不小。他们职位虽然不高，权力也不怎么大，看上去跟你也没有什么直接的工作关系，但是，他们的影响无处不在。在很多时候，他们的一句话可能比你的一大筐话还管用。如果你懂得“小人物”的心理，平时肯花点精力、时间，和“小人物”处好关系，大大受益。

就像下面这位推销员那样。

这位推销员的工作是为强生公司拉客户。他的客户中有一家是经营药品的杂货店。每次他到这家店里去的时候，总会先跟柜台的营业员寒暄几句，然后才去见店主。

有一天，他又到这家商店去，店主突然告诉他今后不用再来了，他的店不想再卖强生公司的产品了。

业务员只好离开商店。他开着车子在镇子上转了好久，最后决定再回到店里，把情况说清楚。

当他再次走进店里的时候，他照常先和柜台上的营业员打过招呼，然后再到里面去见店主。出乎意料的是店主见到他很高兴，笑着欢迎他回来，并且订了比平常多一倍的货。

业务员十分惊讶，不明白在自己离开店后发生了什么事。店主指着柜台上那个营业员说："在你离开店铺以后，这个男孩告诉我，说你是到店里的推销员中，唯一会同他打招呼的人。他告诉我，如果有什么人值得做生意的话，就应该是你。"

事后，这个推销员说：我永远不会忘记，重视每一个人是多么重要。

心理学家指出，没有人想成为无名之辈，几乎人人都希望被看成一个重要的人。如果你能把身边的每个小职员都当作一位"大人物"来看待，尊重他们、重视他们，让他们渴望被重视的心理得到满足，你自然不用担心有人会在后面偷偷给你小鞋穿，反之，在你需要帮助的时候，你会看到许多热情的笑脸。

其实，"小人物"也并非某些人想象的那么难以对付。你需要记住的就是：即便你心里很不喜欢某些"小人物"，你也不能表现出不屑与厌恶；

你要时时处处体现你对他们的尊重与重视：记住他们的名字；关注他们的兴趣；了解他们的困惑；认真对待他们交代的事……

如果你乐意，不妨适时地送"小人物"一些小礼物，适当地施予小恩小惠。这样，他们不仅不会为难你，还可能对你评价很高，偶尔帮帮你。

人际关系的心理学

心理学家指出，没有人想成为无名之辈，几乎人人都希望被看成一个重要的人。小人物也是如此。在职场里，不应该忽视小人物，更不应该得罪小人物，否则可能大栽跟头，壮志难酬。

为人处世的潜规则

7

了解对方的真实意图，采取正确的应对措施

“东北王”张作霖在一次宴会上给日本人书写条幅，有意落款为“张作霖手黑”。

秘书不知其中的讲究，好意提醒应为“手墨”。

张作霖听罢大加训斥：我难道不知道“墨”字下面有个“土”？

事后张作霖解释说，正是因为日本人索字，才不能带土，这叫“寸土不让”！

原来，张作霖是选择一种暗示性方法来表达其真实意图。

作为下属，为上司办事，理解上司的真实意图非常重要。

在工作中，只有了解了上司的意图，办事的结果才能与上司的心意相吻合，上司才会满意，上司满意了，办事的人自然前途光明。

同样，作为上司，面对下属的一些不寻常的举动，也要静心思考，而不要轻易地相信他们所说的话。只有这样，才能了解下属的真实意图，找到正确的对策。

一战时期，美国国家银器公司要替政府制造许多精细的货物，这是一项很艰难的工作。当时，巴林求接替了帕特森成了公司的经理，他发觉工人们纷纷辞职，员工的流失使厂里的工作受到了严重的影响。

“这是为什么呢?”巴林求向管理工人的职员提出了疑问。

“为了挣更多的钱，他们想要更多的钱。”管理工人的职员这样解释。不过，巴林求对于这一解释并不满意。

他决定亲自与数百名正在等着领最后一次工资的工人谈一次话。他逐一地向工人询问他们想离职的真正原因。

为了打消这些离职员工的顾虑，了解他们的真实想法，他把管理工人的职员全都打发走了，只留下了自己的秘书。

结果，巴林求发现了一个新情况：工人们离职，并非只是因为钱，他们对很多地方都感到很不满，他们认为工作环境需要改进。

知道了工人们的真实想法，巴林求立刻保证对这些问题逐一加以改正，并且讲到大战，讲到政府的难处。再三地向他们保证自己的诚心，最后，大多数人留了下来。

巴林求自己说：“当我分析一下他们所说的要求辞职的理由时，我发现‘要加工资’并不是首要原因，它实际上排到第四位去了。”

由此可见，加工资乃是一个假面具，在这一假面具底下，还藏着许多工人们不愿谈及的真正意图。

通常，在领导面前，员工总是会有意或无意地掩饰自己的渴望，因为总是担心自己的渴望太多被领导无情拒绝，或者自己的要求过高被他人嘲笑。因此，他们总是喜欢用迂回的方式表达自己的愿望。

比如，一个员工雄心勃勃，也很有能力，但他总觉得老板不够重视自己。

有一天，他告诉老板，有一个公司愿意以比自己目前更高的薪水聘请自己。

其实，他并不打算离开公司，或许只是碰巧朋友的公司需要他这样的人才，他可能在那获得更高的薪水，或许这个公司根本就是虚拟的。

然而，由于不了解下属的这种心理，老板一听这话，就不高兴了，心想：翅膀还没长硬就想飞，要真有了本事，那还了得。于是，老板硬邦邦地说：“你目前在公司的发展已经很不错了，该知足了。”

冲着这句话，那位原本不打算跳槽的员工立刻辞了职。

人们的所有举动，哪怕是最简单的行为，其动机都有可能很复杂。因此，不论是下属了解上司的意图，还是上司了解下属的意图，都不是一件容易的事。

作为下属，在接受上司交代的任务后，不要匆忙动手，要冷静思考、细心琢磨。把上司关于此项任务的意图搞清楚，把任务的性质、目的、要求搞清楚，把事情的来龙去脉搞清楚。

为此，平时要多留意上司的言谈话语，以此掌握上司的所思所想。比如琢磨上司在各种会议、各种场合的讲话、谈话，分析心意；观察上司的行动。上司抓什么，怎么抓，了解他这方面工作的关心程度，了解他的决心和心意；阅读上司的讲稿、批示，把握其思想。

作为上司，也应多站在员工的立场，都考虑员工的需要。

多在非正式场合与员工相处，比如车间、食堂、非正式会议、一对一的面谈，通过与员工倾心交谈，了解员工的困惑、担忧、喜与乐、好与恶。

总而言之，要想了解一个人的真实意图，既听其言，又要观其行，这样的了解才能全面、深入、到位。建立在这一基础上的应对措施，才会行之有效。

人际关系的心理学

人们的所有举动，哪怕是最简单的行为，其动机都有可能很复杂。因此，不论是下属还是上司，要想了解对方的真实意图，都不要轻易地相信对方所说的话，而要静心思考。

为人处世的潜规则

8

选择对方最脆弱的时刻去说服

要想说服某个人时，一定要选择傍晚至晚上这段时间。

在许多偶像剧中，常常会出现两个男的同时喜欢上一个女的，或者两个女的同时喜欢上一个男的。爱情争夺战由此展开，时间会很长，胜利通常属于那个有耐心又有心计的家伙。而这个家伙，惯用的手腕就是选择傍晚或晚上的时间，与对方约会谈心，增近彼此的感情，并借此说服对方。

谈心为何要选择傍晚时分呢？

这是因为，从心理学、生理学的观点来看，一般人在这段时间是最脆弱的，也是最容易被说服的。

任何一个人的身心都可能受到一种所谓的"生物钟"支配。生物钟即是主宰着人的精神和肉体的自然节奏。随着生物钟的变化，人的心理也在发生着变化。当这种节奏显出不协调时，人的身体便会感到疲倦，而使思考力降低，紧张感也降低。

这种状态在黄昏时分尤其明显，黄昏时分往往容易发生交通事故，原因也在于此。

到了黄昏，人的心理会很脆弱，想找个依靠。也许是黑暗的来临，意味着又一天过去了，不再回来，想起时光的无情流逝，人难免会伤感？很多伤感的诗词不就是以黄昏为背景的吗？

比如，“枯藤老树昏鸦，小桥流水人家，古道西风瘦马，断桥人在天涯”、“夕阳无限好，只是近黄昏”、“大漠孤烟直，长河落日圆”，这些诗句都表明黄昏容易让人心生惆怅。

同时，黄昏的来临也让人心生恐惧，因为黑暗让人感觉自己对周围环境无法把握。这也是为什么一个两三岁的小孩子，大白天与小伙伴们玩得高高兴兴的，天色一暗，就急着回家找父母，看不到父母的身影，就烦躁不安。有的胆小的孩子，甚至因为找不着父母，而号啕大哭。

这些现象均说明：黄昏时分，人们的确容易变得脆弱。

生物钟对绝大多数的人与动物的作用都是一样的。不光人类会在傍晚感到特别不安，小动物也会。

只要有过农村生活体验的人都知道，傍晚时分，小动物就开始回巢了，小动物的妈妈会以独特的声音召唤它的宝宝，小宝宝们也发出声音，回应它们的妈妈。比如母鸡和小鸡，母鸡在咕咕地唤着，想把所有的小鸡都藏在她温暖而安全的翅膀下，小鸡在唧唧地应着，拼命地往翅膀下挤。黑暗的降临，让母鸡与小鸡都有些紧张、不安！

生物钟的不协调对人的影响，在程度上会有区别。

一般说来，女性较男性更为情绪化，当受了生物钟不协调的影响时，也较男性更易于陷入不安和伤感状态。因此，在黄昏时分说服女性会更有效。

这种技巧也可用来攻击其他对象，比如商谈对象、与会者。如果即将举行的商谈，可能面临很大的困难，不妨将时间选择在傍晚时分。

若是开会，则可将会程拖延至傍晚。平常在会议中难免掺杂许多疑问或意见，但在黄昏时分，每个人由于精神上的不安定，情绪低落，加上思考力的下降，对会议的提案很少也很难做深入的探讨，以同意了事的可能性会大很多。

人际关系的心理学

要想说服某个人时，一定要选择傍晚至晚上这段时间。因为，从心理学、生理学的观点来看，一般人在这段时间是最脆弱的，也是最容易被说服的。

为人处世的潜规则

第五章

揣摩心理，对症下药

揣摩心理就是察言观色，透过对方的言谈举止、面部表情、衣着体貌等揣测对方的内心世界。只有把握对方的心理状态和脾气性格，方能做到对症下药。唯有对症下药，方能收到事半功倍、药到病除的效果。

1

活用“偶尔”的效果，让对方朝自己期待的方向努力

请先看一道选择题：一个女人想控制一个男人，对于这个男人的约会请求，女人最有效的应对方式是：

A. 答应他的每一次约会请求；

B. 从不答应他的约会请求；

C. 被请求两三次，只答应一次。

你会选择哪一项呢？估计A、B、C三个选项都有可能。仁者见仁、智者见智，不同的人有不同的选择，这无可厚非。

不过，从心理学角度来讲，最有效的答案应该是C，即请求两三次，才答应一次。

为什么？

因为，如果选择A——答应每一次约会请求，则可能带来两种负面效果：一是让男人觉得这样的女人太容易得手，而不珍惜；二是让男人的每次愿望都得到满足，容易让他没有期待，很快厌倦。

如果选择B——从不答应约会请求，效果也不会理想，可能让男人大受打击进而放弃。谁都知道，屡遭拒绝的滋味并不好受，时间一长，对方可能会心生畏惧，转移目标，把心思转移到其他女性那儿了。

如果选择 C——被请求两三次，只答应一次。效果就大不相同。每两三次要求答应一次，如果男性能够得到这样的回应，一种“说不定她会答应我”的期待感就会促使这位男性对那位女性抱有持续的关注。更进一步说，每要求两三次才答应一次的约会，往往可以让男性越加迷恋于这个女性。

在心理学上，这种方式叫“间歇强化”。

心理学家曾做过这样的一个实验。准备两个装有操纵杆装置的箱子，只要按一下操纵杆，其中一个箱子就肯定有食物出来，而另一个则是偶尔有食物出来。

在两只箱子中分别放入一只饥肠辘辘的老鼠。两个箱子中的老鼠都很快发现了能够让食物出来的装置，他们持续地按动操纵杆，后来食物不再出来，老鼠也就不再去按动操纵杆了。

分析一下从食物不再出来到停止按动操纵杆的时间，发现偶尔有食物出来的那只箱子中的老鼠继续按动操纵杆的时间更长。而肯定有食物出来的那只箱子中的老鼠，一旦没有食物出来，就立即停止了按动操纵杆的动作。

这说明，偶尔给予报酬的“间歇强化”往往可以使行为持续更长的时间。

的确，偶尔才能得到的东西，不论是物质的还是精神上的，都让我们回味、期待：

父亲偶尔流露出的爱意；

爱人偶尔表现出的狂热；

同事偶尔传递的欣赏；

上司偶尔给予的赞赏；

偶尔才能享受的大餐；

偶尔才有的全家外出旅行；

……

“偶尔”的给予比“惯常”的给予，更令人期待，当然，带给人的刺激更大，也更能发挥激励的功效。

在管理员工、协调家庭关系、教育孩子的过程中，可以充分地运用偶尔给予报酬这种“间歇强化”。

偶尔给予员工适当的“奖励”，可激发员工的积极性，让他们干劲十足、再接再厉。

偶尔给予顾客“超越期望的回报”，可激发顾客的热情，留住顾客的忠诚，让他们持续地关注公司的产品。

偶尔给予伴侣“意外的惊喜”，可打破单调平淡的婚姻生活，让彼此爱意浓浓。

偶尔给予孩子“奖品”，可吸引孩子的注意力，让他把精力集中在你想要传授的知识与经验上。

“间歇强化”的关键在于“偶尔”。只要是想用作激励人的“报酬”，一定不能经常性地给予。不然，即使是“过望的回报”也会变得没有吸引力、没有期待。

——人—际—关—系—的—心—理—学——

“间歇强化”心理战术：“偶尔”的给予比“惯常”的给予，更令人期待，当然，带给人的刺激更大，也更能发挥激励的功效。只要是用来激励人的“报酬”，一定不能经常性地给予。不然，即使是“过望的回报”也会变得没有吸引力、没有期待。

——为—人—处—世—的—潜—规—则——

2

传递积极的期望给对方，让对方“不行”也行

一个癌症病人，被诊断患了癌症，医生认为他已无可救治，吩咐他回家想吃什么就吃什么。

五年后，医生在门诊再次见到这个病人，很是惊讶，于是问病人：“你吃了什么药，治好了癌症？”

病人一听这话，吓了一跳，因为他并不知道自己患了癌症，所以他回家后，真的就按照医生说的，想吃什么就吃什么。

这下可好，得知自己患了癌症，怀着恐惧与绝望的心情，病人回到家，不到半年就去世了。

接着看另一个故事：

二次世界大战的时候，凶残的德军曾经对一个俘虏做过一个实验。他们把他绑起来，蒙上眼睛，告诉他要把他的血放光。然后在他的手腕处施加一点刺痛，再用水龙头一滴一滴地放水，发出不断的滴答的声音。

他们也许只是想捉弄他，但是想不到的是，过了一段时间，这个俘虏竟然真的死掉了！

这两个故事的结局都让人匪夷所思：癌症病人五年里都活得好好的，却在知道自己的病情后半年内去世了？没有遭受任何致命的创伤，俘虏却死掉了？

从心理学角度来理解，问题就简单了。不论是癌症病人还是俘虏的死亡，都是受了心理暗示的影响。

所谓心理暗示，是指在无对抗的条件下，通过语言、行动、表情或某种特殊符号，对他人的心理和行为发生影响，使他人接受暗示者的某一观点、意见或者按照暗示的方式行动。

病人相信了大夫的话，俘虏相信了德军的话，就是接受了暗示，结果，暗示影响了他们的身体机能，导致了死亡。那么，人为什么会接受别人的暗示呢？难道人们没有所谓的“主见”吗？人格心理学家告诉我们，任何人做出判断，都是由人格中的自我部分，综合了个人需要和环境限制之后而做出。这样的决定和判断，我们称为“主见”。

一个“自我”比较发达的人，是比较“有主见”的。但是，我们知道，人不是神，世上并没有万能的和完美的人，任何“自我”都不可能在所有情况下都正确。这就导致了“完全有主见”的人是不存在的。正是“自我”在客观上的缺陷，为别人的影响和心理暗示留出了空白，提供了机会。

心理学家把暗示所产生的作用称为“皮格马利翁效应”。

美国心理学家曾做过这样一个实验：研究人员提供给一个学校一些学生名单，并告诉校方，他们通过一项测试发现，该校有几名天才学生，只不过尚未在学习中表现出来。其实，这是从学生的名单中随意抽取出来的几个人。然而，有趣的是，在学年末的测试中，这些学生的学习成绩的确比其他学生高出很多。

研究者认为，这就是由于教师期望的影响。由于教师认为这个学生是天才，因而寄予他更大的期望，在上课时给予他更多的关注，通过各种方式向他传达“你很优秀”的信息，学生感受到教师的关注，因而产生一种激励作用，学习时加倍努力，因而取得了好成绩。

无疑，积极的暗示促使人们向好的方向发展，相反，消极的暗示则使人向坏的方向发展。

对少年犯罪儿童的研究表明，许多孩子成为少年犯的原因之一，就在于不良期望的影响。他们因为在小时候偶尔犯过的错误而被贴上了“不良少年”的标签，这种消极的期望引导着孩子们，使他们也越来越相信自己就是“不良少年”，最终走向犯罪的深渊。

要想使一个人发展更好，就应有意识或无意识地给他传递积极的期望，让对方产生出相应于这种期望的特性。

暗示不需要讲道理，只靠直接的提示。也就是说，只要给一些现成的信息，使被暗示者无批判地接受，暗示就会发生作用。

比如在交办某项艰巨的任务时，对下属说："我相信你一定能办好"、"你一定能找到最后的办法的"等等，这样，下属就会信心倍增，满怀激情，投入更多的时间与精力，朝你期望的方向发展。

如果下属的工作方法不够好，不妨与他谈论一个工作习惯良好、工作方法得当的优秀员工，这样，下属一旦明白你的深意，自会偷偷地观察你称赞的那名员工，进而效仿他，改进自己的工作方法。

事实上，学会自己暗示，也能达到自己鼓励自己的效果。如果你经常对自己说："我能行，我是最好的！"就能调动自己的最大能量，发挥自己的最大潜力。

人际关系的心理学

"心理暗示"，是指在无对抗的条件下，通过语言、行动、表情或某种特殊符号，对他人的心理和行为发生影响，使他人接受暗示者的某一观点、意见或者按照暗示的方式行动。要想使一个人发展更好，就应有意识或无意识地给他传递积极的期望，让对方产生出相应期望的行为特性。

为人处世的潜规则

3

假装巧合来制造见面的机会，减少对方的心理负担

“近来身体还好吧？”一位直销员打电话给客户。

“好，谢谢您！这个月的业绩不错吧？”

“不错，我很有信心。上次推荐给你的洗碗液好用吗？”

“好用。你们的淋浴露怎么样？”

“很好，含纯净甘油及天然蜂蜜，我哪天去你家，送你一小瓶试试？”

“嗯……算了，我最近一段时间都比较忙。以后再说吧！”迟疑了半天，客户还是拒绝了直销员。

从这段对话，我们能获得一些什么样的信息？

大体有以下这些：一是客户对直销员推荐的产品有了好感；二是她有兴趣了解其他的同类产品；三是直销员希望进一步为客户详细介绍一下产品。

但是，为什么客户会拒绝直销员上门服务的建议？明明想了解产品，却放弃了解的机会，是不是有些奇怪？

其实，这位顾客的心态并不奇怪，相反，从人性的角度来讲，很容易理解。

也许你也遇到过这样的人，无论你打了多少次电话，说要登门拜访或去他家附近见面，对方都迟迟不肯答应会面。但在电话中听来，却又不是不想见你。这个人，可能是你的朋友，或者同事，或者客户。

他们为什么会拒绝你呢？

原因多半是:你的行为让他们有了某种顾虑。你提出请求,为对方考虑,专程上门拜访或以对方方便为宜,这的确让人感动,但是,无形中,也增加了对方的心理负担。

对方会想,你特意为这一点点事情跑一趟,既耽搁了时间,又耗费了精力,如果自己不能满足你的要求,不能让你感到愉快,心里会很内疚,会觉得反倒欠你人情。

更有甚者,可能怀疑,为一点小事专门跑一趟,你会不会有什么别的企图?这样,对方可能会对你怀有戒心。

结果,对方又怕欠人情,又心怀戒备,如果还有别的事情缠身,很可能就在电话里直接谢绝了你的好意。

上面那位顾客的心理便是如此。她的顾虑也不止一种:一是担心给直销员添麻烦;二是对方送来的产品自己是否喜欢,没有把握;三是担心盛情难却,如果试用了不买,不好交代。

这样的人,总的表现是非常害怕有心理负担,由此具有讨厌约会的倾向。

从心理的角度来分析,这类人主要有两个特点:一是性格较为软弱,二是心地较为善良。

因为性格较为软弱,不好意思拒绝别人。一般而言,那些可以果断地做决定,明快拒绝的人,自然不担心别人的登门拜访。但是如果不善拒绝,对于登门拜访一事,自然是能免则免。

同时,因为心地善良,他们不喜欢劳累别人,欠别人的情。于是,对他们来说,接受拜访就成了一个很大的负担。

也许有人会对此不解。其实,一个人,只要分析分析自己,就能理解这类人的心理。

想想面对无偿上门服务的请求,你往往会有什么样的反应:

"让别人跑这么远,是不是不太合适?"

"如果别人上了门,我又不买,是不是就不好?"

"我是不是非得买不可?"

"我能很下心来拒绝别人吗?"

"对方是不是对我抱太大的希望?"

……

想想其实几乎每个人都有这样的顾虑，只不过轻重不同而已。

那么，如何消除人们的这种顾虑呢？

首先，你要有这样的认识：越是心地善良的人，越值得交往；越是心地善良的顾客，成交的几率越大。对于他们，如果能够实现拜访的目标，那么成功的几率便相当高了。所以，不要轻易放弃这样的交往对象或顾客。

接下来如何让对方没有顾虑而答应你的请求呢？

最好的办法是：避免与对方约定确定的会面日期，尽量提出减轻对方心理负担的条件。

比如用“碰巧”、“可能”、“刚好在附近”等话引出你的请求。告诉对方：

“碰巧我朋友家离您那不远，我顺路见你一面，可以吗？”

“对了，过两天我刚好有机会到你家那片去。”

“我可能会到附近去拜访，到时如果你有空的话，可以跟我见个面吗？”

这样的请求与劝说，往往能够轻轻松松地打动对方的心。对方会想：不是专门为我来的，那就好，来就来呗。

这种方法之所以有效，关键在于强调“巧合”，通过强调“巧合”的偶然性，减轻了对方的心理负担。对方听起来不觉得生硬，也就容易产生想“顺便”见一面的念头。

当然，答应见面并不意味着拜访目的的实现。去拜访，最好瞄准对方可能最方便的时间，如果在闲聊之中，能够打探出“您通常什么时候比较方便？”，达成拜访目的的可能性就更大了。

之后见到对方，第一句话最好说“真是巧……”

人际关系的心理学

与那些害怕有心理负担，具有讨厌约会倾向的人见面，最好的办法是避免与对方约定确定的会面日期，强调“巧合”，用“碰巧”、“可能”、“刚好在附近”等话引出你的请求。强调“巧合”的偶然性，可减轻对方的心理负担，让对方产生“顺便”见一面的念头。

为人处世的潜规则

4

给对方留些纠错的机会，比当面奉承他的学问深更有效

人们通常认为，作为下属，如果犯错，只会遭受上司的批评与白眼，事实上，事情并非如此绝对。

如果下属足够聪明，故意偶尔在上司面前犯点小错，得到的可能是一些看似批评，实则不是批评的“批评”，还有与日俱增的好感！

乾隆年间，最受宠的臣子莫过于和珅。和珅工于心计，头脑机敏，对乾隆的性情、爱憎等了如指掌。往往是乾隆想要什么，不等乾隆开口，他早给预备好了。在处理公务方面，他也非常善于捕捉乾隆的心理。

常言道：伴君如伴虎。在皇帝身边做事，那可不容易，稍不留神，稍一出错，就可能掉脑袋。所以，不论做什么事，都得小心又小心。

然而，和珅有时却故意不小心，故意犯错。

清朝在刊印二十四史的时候，乾隆很重视。可是，和珅在抄写给乾隆看的书稿当中，总有地方会抄错几个字。不知情的人会说，和珅胆大，凭仗皇上恩宠，不怕掉脑袋，事实并非如此。这些错，都是和珅故意犯下的。

原来，乾隆皇帝常常亲自校核，每校出一个差错来，就感觉是做了一件很了不起的事情，内心感到非常的痛快。

为了迎合乾隆的这种心理，和珅以及其他的大臣们，便在很明显的地方抄

错字,以便让乾隆校正。这样一来,便显示出乾隆学之深可盖过当朝名士,这比当面奉承他学问深,效果不是更好吗?

人性的一大弱点就是争强好胜。一个人,面对比自己优越的人,总会有种挫折感,在心理上会产生"你比我伟大,所以我讨厌你"的感觉。这是一种无法满足自尊心而引起的心态。因为这种心态,一些优秀的人不仅得不到上司及其周围人的承认与重用,反而受到打击与排挤。

不可否认,任何领导都希望自己的下属能干、得力,但是,没有哪位领导希望找一个处处表现得比自己优越的下属。下属太优秀,那么无形之中是对自己自尊和自信的一种挑战与轻视。

一项关于智商与职位的调查证实了这一观点。调查发现,处于高级职位的人的智商往往不是一流的,而是二流的。因为一流人才要么恃才傲物,锋芒毕露,不招人喜欢,要么自恃聪明而不努力,结果一无所获;而二流的人才,知道自己有所不足,于是谦虚好学,为人谦逊,反而人缘不错,颇受上司青睐,既而获得提拔。

作为下属或同事,如果不善于隐藏自己的锋芒,工作上处处表现得能力超强,只能在无形中惹来嫉妒和猜忌。相反,如果能够在某些方面让领导或同事表现其优越,让他们感受一下比人强的滋味,自己才会有更多强于人的机会。

有这么一个真实的故事。甲、乙两人都是某领导的秘书,二人的才干不相上下,都能写得一手好文章。但是两人为人处事的态度不同。秘书甲很善于领会领导的意思,写出的稿子往往是一锤定音,领导便再也挑不出什么毛病来。而秘书乙则显得似乎有些笨拙低效,每次初稿总是有些不尽如人意的地方,不过问题都不严重,只要经领导一点拨,立刻就能改得漂漂亮亮。

几年后,人们发现,秘书甲仍在那个秘书的位置,而秘书乙早已被重用,高升一步了。

有人问秘书乙其中的奥秘,早已不再是秘书的他微笑着说:"如果你的水平能与领导一样高,甚至比领导还高,那要领导干什么?"

秘书乙的聪明之处就在于:主动贬抑自己,以请教来突出领导的高明,从而使领导获得了某种心理上的满足,优越感油然而生。这样,领导非但不责备他的些许"愚笨",反而对他充满了信任与好感。

不过,以留给对方纠错机会的方式让领导或同事表现其优越性,是有前提的，那就是，这些错误要不伤大雅、无关紧要。

错误细小，领导一旦看出，会沾沾自喜；如果没有看出，也不会造成恶劣的影响。就像清朝刊印的二十四史，皇帝改定的书稿，别人就不能再动了，但乾隆也有改不到的地方，因此到最后，这些差错就传了下来，如今见到的殿版书中常有的讹处，其中有很多就是这样形成的。但这并不形成大碍。

相反，错误严重，如果领导看出，会对你的能力表示怀疑，你可能立马走人；如果看不出错误，则有可能导致严重后果，因而并不可取。

——人—际—关—系—的—心—理—学——

争强好胜是人性的弱点。面对比自己优越的人，人们会有一种挫折感，会在心理上产生"你比我伟大，所以我讨厌你"的感觉。一个，如果在工作上处处表现得能力超强，只能惹来嫉妒和猜忌。如果主动贬抑自己，以请教来突出他人的高明，可使他人获得了某种心理的满足，对你心生好感。

——为—人—处—世—的—潜—规—则——

5

要摆脱他人的妒忌，只需让妒忌你的人值得妒忌

王蕾与孙菲一同进了某家公司。在公司，两人从事的工作差不多。按理说，两人一般大，又都是初涉职场，从事同样的工作，面临许多相同的问题，该很容易沟通，关系该不错。

的确，刚进公司，新员工培训那段时间，两人总是形影不离，互相帮助，关系很融洽。不过，随着时间的推移，不知不觉，王蕾感觉孙菲在故意疏远自己。有时候她找孙菲帮忙，孙菲就找借口推辞。

原来，王蕾的性格比孙菲开朗，她善于与人打交道，进公司不久就受到了领导的重视，领导重用她，还经常表扬她。而孙菲就没有这么幸运了，她工作也很努力，但是，好像总引不起领导的注意。

时间越长，王蕾越感觉不对劲，孙菲总是在暗暗与自己比高低。每次其他同事当着孙菲的面夸自己时，孙菲的表情总是不自然。

对此，王蕾不知道如何是好。

从心理学的角度来说，妒忌是一种可以理解的正常的情绪反应。

可以说，妒忌心是人的天性。即使是孩子也不例外。我们常常看到两三岁的孩子看到妈妈抱起别人家的孩子，他很快就会跑过去，抓孩子的脚，推孩子的

身子,想把那孩子支走,或者立即要求妈妈抱自己。

在职场,像孙菲这样,对同事怀有妒忌心的人也很普遍。尤其是女性。

在一个办公室里,常出现这样的情形:一位女同事穿着一件很时髦的新衣裳,或者烫了一个很流行的发型走进办公室里,女同事们的眼光"刷"地一下子向她齐聚过来。显然,这件新衣服或者这个新发型吸引了她们的眼球、很让她们着迷,不过,没有一个女性说"好"或"不好"。

为什么她们会视而不见?是感觉迟钝或没有感觉吗?当然不是,是她们的心理有一种说不出的酸酸的感觉。

一位比较坦诚的职场女士曾说:"我确实知道她穿这套衣裳很漂亮,可是我就是不愿开口说好,反而会在心里想:她为什么穿得这么漂亮?我明天要穿更漂亮的衣服,一定要胜过她。"

这就是妒忌心,虽然是一种正常的反应情绪,但它并不利于人际交往,不利于集体团结。

过度地妒忌他人,会伤害自己,也会伤害他人。一个人,如果总是妒忌别人的长处,会分散注意力,破坏人际关系,阻碍自身的发展。

被他人妒忌,也可能遭受负面影响。妒忌者的行为往往会干扰到被妒忌者的行为。一个人,如果总是遭受妒忌,很难有良好的人际关系,情绪与工作效率自然会受影响。

为此,作为妒忌他人者,要尽可能地自我控制,化解自己的妒忌情绪;被人妒忌者,要想办法消除他人的妒忌。

相比克服自己的妒忌心来说,消除他人的妒忌似乎要困难很多。不过,也不是没有可能。

消除他人妒忌的第一步是:给对方足够的时间和空间,让其发泄嫉妒的情绪,并宽容对方的言行,以此感化对方。

此后,创造机会,帮助妒忌你的人,让他拥有被人妒忌的资本。

如果对方嫉妒你的工作成绩突出,那么你就给他创造一次立功的机会;如果对方嫉妒你的穿着比她漂亮,那么你就为她设计一次……

就像李雯那样。

李雯不仅人长得漂亮,还很会打扮,似乎穿什么都好看。

办公室新分来了一个同事汪柯,人长得挺漂亮,可就是不会打扮自己。看到同事们对李雯的外貌赞赏有加，对自己的美丽无动于衷，汪柯不由得心生妒忌。

李雯很快就感受到了汪柯的妒忌。一次，借着大家在谈论电影明星，李雯故意说，某某明星还没有汪柯漂亮，这让汪柯受宠若惊，立马对李雯的态度就有了改变。

此后，李雯趁热打铁，与汪柯谈论服饰，为汪柯设计服装搭配，甚至找时间陪汪柯上街挑选衣裳。

慢慢地，越来越多的人注意到了汪柯的美丽，夸她漂亮的人多了，有的同事还向她讨教穿衣的学问、购物的经验。当然，这时候，汪柯对李雯的妒忌已荡然无存，取而代之的是敬佩与感激。

值得一提的是，帮助那些妒忌你的人，也需要用心。你必须首先找出对方身上闪光的一面，以巧妙的方式对其闪光点予以称赞。然后，再不经意地道出你的经验之谈，或者在实际工作中有意识地提醒对方、实质性地帮助对方。这样，对方才能接受你的帮助，消减自己的嫉妒。

人际关系的心理学

妒忌心是人的天性。从心理学的角度来说，妒忌是一种可以理解的正常的情绪反应。想要消除他人的妒忌，不妨创造机会，帮助妒忌自己的人，让他（她）拥有被人妒忌的资本。

为人处世的潜规则

6

如果你希望某件事情能变成现实，不妨对此怀抱强烈的期望

卡尔·塞蒙顿医生是一位专门治疗晚期癌症病人的专科医生，有一次，他遇到了一位喉癌病人。当时，这位病人已年满六十，因为病情的影响，病人的体重大幅下降，只有四十四公斤，癌细胞的扩散令他无法进食。

为了缓解病人的不安情绪，使其更好地配合治疗，塞蒙顿医生决定让病人对病情得以充分了解。他告诉病人，自己将会全力为他诊治，帮助他对抗恶疾。同时，每天将治疗进度详细地告诉他，并清楚讲述医疗小组治疗的情形，及他体内对治疗的反应。

结果，治疗情形好得出奇。两个星期后，医疗小组果然抑制了癌细胞的扩散，成功地战胜了癌症。对此，就连塞蒙顿医生也感到十分惊讶。

其实，塞蒙顿医生获得如此成功的疗效，得益于他的心理疗法。塞蒙顿医生教这名病人运用想象力，想象他体内的白血球大军如何与顽固的癌细胞对抗，并最后战胜癌细胞的情景。

他对患者说："你对自己的生命拥有比你想象得更多的主宰权，即使是像癌症这么难缠的恶疾，也能在你的掌握中。"

他还说："事实上，你可以运用这种心灵的力量，来决定你的生或死。甚至，

如果你选择活下去，你还可以决定要什么样的生命品质。”

病人听了这番话，自然信心大增，对医生的嘱咐完全配合，使得治疗的进展非常顺利。

一件事情的成败，与做事者的心态，有很大的关系。从心理学的角度来讲，如果你能深信某种情况为事实，到最后必然能如愿以偿。

换句话说，当你对某件事情抱着百分之百的坚信，最后它就会变成事实。当你怀着对某件事情非常强烈的期望时，你所期望的事物往往就会出现。

为了证明这一说法，美国的心理学家雷克斯博士曾针对贫民窟少年的不良行为，做了一项长达五年的追踪调查。

他以著名的犯罪地区——俄亥俄州哥兰巴斯市的小学六年级学生为对象，挑选了两个小组。其中一组是所谓的问题少年，另一组则是典型的乖学生。追踪调查的结果显示，这些学生的前途果真如当初所预测一般。也就是说，前组中平均上过3次少年法庭的问题学生，占了39%之多，后者则没有发生任何问题。雷克斯博士与前组面谈后得知，那些问题少年本身早就料到：“自己一定会为警察带来困扰”。受这种心理的影响，他们丧失了读到毕业的信心。他们甚至认为，一切的不顺都是父母的过失。

这说明了什么？

说明一开始就自我暗示会得到坏结果的话，结果失败的可能性就相当大。有鉴于此，要想得到好的结果，就要进行积极的暗示。在做事之前，一定要不断地告诉自己，一定成功，一定如愿以偿。这样，你就会变得自信，事情就会进展顺利，好结果也就自然而来。

那么，如何才能克服消极情绪，避免消极的自我暗示呢？

总的来说，是要有意识地肯定自己的能力、确立更高目标、树立对自己的信心，培养一种积极乐观的心态。

为此，每天开始工作或入睡前“积极、乐观”地评价自己很重要。你不妨试着对自己说：

——我是有天赋的。

——我热爱并欣赏现在这个样子的我。

——我现在有足够的时间、能力、智慧去实现我所有的欲望。

——无穷的财富正源源流入我的生活。

——我现在从我做的每一件事中得到乐趣！

——活着，我感到无比幸福。

此外，当你设定一个目标时，必须先描绘出一幅成功的景象，就是在心里想象自己实现目标时的情境，反复回想。

如果你希望自己变得很聪明能干，不妨时时想象自己真的很聪明很能干。

如果你要参加一项技能考试，不妨在考前告诉自己“我完全没问题！”，并想象通过考试后的喜悦。

如果你承担了一项重任，不妨在心中默想你完成重任后的场景：领导的夸奖、职位的提升……

如此不断反复，总有一天，你的愿望会变成现实。

——人—际—关—系—的—心—理—学——

一件事情的成败，与做事者的心态，有很大的关系。从心理学的角度来讲，如果你能深信某种情况为事实，到最后必然能如愿以偿。这就是“自我暗示”的功效。如果一开始就自我暗示会得到坏结果的话，结果失败的可能性就相当大。有鉴于此，要想得到好的结果，就要进行积极的暗示。

——为—人—处—世—的—潜—规—则——

7

给对方一件合适的“睡袍”，激发对方主动实现自我转化

一个穷人家的女孩，有人送了她一条漂亮的短裙。为了找到一件能与这条漂亮短裙相配的上衣，女孩的母亲翻箱倒柜，终于找出了自己年轻时穿过的一件雪白的衬衣。

女孩穿上新裙子，配上白衬衣，整个人简直脱胎换骨，显得漂亮又成熟。女孩的父亲看到女儿的这副模样，既惊喜又羞愧。惊喜的是女儿已经长大了，且亭亭玉立；羞愧的是让如此美丽的女儿生活在如此破旧的家中。于是，他开始收拾房间，打扫庭院。

邻居们看到这位父亲在打扫庭院，受其影响，也开始打扫自己的房屋。于是，村庄里，一家影响另一家，最后，每个家庭都进行了一番大扫除，整个村庄焕然一新。

还有另一个相似的故事：

18 世纪，法国有个哲学家，名叫丹尼斯·狄德罗。一天，朋友送他一件质地精良、做工考究、图案高雅的酒红色睡袍。狄德罗非常喜欢，可他穿着华贵的睡袍在家里寻找感觉，总觉得家具颜色不对，地毯的针脚也粗得吓人。为了与睡袍配套，狄德罗于是把旧的东西先后更新，最终，书房跟上了睡袍的档次。

一个村庄焕然一新源于一条漂亮的裙子，一间书房的改变源于一件精致的睡袍，想来也真是奇怪。其实，在生活中，这类的事例每天都在发生：

一个游手好闲的男人，娶了一个心仪的妻子，从此痛改前非，最后脱胎换骨，成为了一个有上进心的、有责任感的人。

一个望子成龙的母亲，给孩子买了一个漂亮的小书架，于是孩子每次去书店都要买几本书，后来，孩子不仅爱买书、爱看书，还爱上了写作，长大后成了一名作家。

一对正在闹矛盾的夫妻，买了新居，买了许多新家具，扔掉了许多旧东西，住进新房，俩人都感觉应该以崭新的姿态迎接生活，于是，夫妻俩和好如初。

一家工厂，因为车间环境太差，设备太陈旧，工人们总是消极怠工，有一天，工厂购进了最先进的流水线，为了配上这条流水线，车间的亮度加大了，随之，工人的态度发生了变化，生产效率得到了很大的提高。

……

诸如此类的现象，被美国哈佛大学经济学家朱丽叶·施罗尔称为“狄德罗效应”，亦称作为“配套效应”。就是说，人们在拥有了一件新的物品后会不断配置与其相适应的物品以达到心理平衡。

因为这一心理的存在，一件小小的物品、一个小小的改变，往往能激发起一个人自我转化的内在动机，使其主动实现自我转化，促使事物向好的方向发展。

而这“小小的物品、小小的改变”可能是一个奖赏、一句鼓励、一个全新的环境、一件富有深意的工具，一个很好的机会，一个合理的目标等。

就像下面这家企业，仅用一双白手套就促使员工改变了工作态度。

该企业的清洁工队伍很不稳定，流失率总是很高。招聘来的工人多半只干三个月到半年就离开了，无形中企业的成本增加了。

通过各种渠道，管理者了解了原因所在，原来清洁工感觉工作又脏又累，工资还很低，在公司也没什么地位。因此，只要能找到更好的工作，他们就毫不犹豫地离开。

照理说，提高工资可以减少流失率，但是，该企业正处于大力发展阶段，资金紧张，给清洁工涨工资不现实。管理层讨论许久，仍找不到恰当的解决办法，这时，一位管理者提出：定时给每一位清洁工配发雪白的手套，让他们在工作时都带上白手套。

找不到其他更好的解决办法，管理层抱着试一试的想法实施了这一建议。没想到这一招还真有效，清洁工们拿到雪白的手套，非常高兴。听说以后可以定期领取白手套，他们更是高兴，干起活来也更带劲，自然，工人的流失率也明显下降了。

雪白的手套，只是一件小小的物品，却转变了清洁工人的工作态度。这恰恰体现了“配套效应”的作用。只不过，清洁工人拿来与手套相配的物品不是别的实物，而是他们对工作的认真负责，以及对企业的热爱与忠诚。

——人—际—关—系—的—心—理—学——

“配套效应”，就是指人们在拥有了一件新的物品后会不断配置与其相适应的物品以达到心理平衡。因为这一心理的存在，一件小小的物品、一个小小的改变，往往能激发起一个人自我转化的内在动机，使其主动实现自我转化，促使事物向好的方向发展。

——为—人—处—世—的—潜—规—则——

8

说服一意孤行的人，顺势引导比严厉要求更有效

有个泰国人，叫奈哈松，他迷恋黄金胜过一切。他把全部的钱财、精力和时间，都投注在探索炼金术的试验中。

不久之后，他花光了家里的全部积蓄。

家中一贫如洗。吃饭都成了问题。妻子无奈，跑到父亲那里诉苦。父亲决定帮女婿改掉这个坏毛病。

他对女婿说："我早已掌握了炼金术的秘密，并备齐了炼金所需要的物品，现在只缺少一样东西，但我年事已高，怕是心有余而力不足了……"

奈哈松一听，瞪大眼睛急切地说："快告诉我，是什么秘密，还缺什么东西？"

"还需要三公斤从香蕉叶下收集起来的白色绒毛。这些树叶必须是你自己种的香蕉树上的。等到收齐绒毛后，我自有办法炼金。"

奈哈松马上回家栽种香蕉树。当香蕉成熟时，他小心翼翼地从每一张叶子下面收刮白绒毛。

而他的妻子和儿女，则抬着一串串香蕉到市场上去卖。

十年过去了，奈哈松终于收集到了三公斤白绒毛。他把这些白绒毛珍藏在一个大坛子里。

这一天，他喜气洋洋地把坛子送到岳父家里，心想，这下可就能炼出金子了。

岳父说："现在，你把那边的门打开看一看。"

奈哈松打开那扇门，立刻看见满屋子金灿灿的，叫他眼花缭乱。他定神一看，原来全都是金子。

他的妻子和儿女都站在屋子的中间。妻子告诉他，这些金子是她与孩子们十年来卖香蕉挣的。

这下，奈哈松恍然大悟：原来辛勤地工作，才是真正的炼金术。

奈哈松的岳父真不愧为一个洞悉人性的高手。

他心里非常清楚：对于像奈哈松这样顽固不化的人，费尽口舌，也不见得能让他迷途知返；而顺势引导，却能不费吹灰之力，让他幡然醒悟。

为什么？

因为人人都有逆反心理。

一个小女孩大冬天把鞋子脱了在地上走，妈妈为了叫她把鞋子穿上，手拿小树枝打她："你穿不穿""不穿?！不穿?！……"

每说一个"不穿"，妈妈就把树枝抽下去，女孩痛哭着喊："不要打，不要打……"

可是任凭妈妈怎么打，就是不穿鞋子。

小女孩与奈哈松一样，都有一种共同的心理。他们虽然年龄有别、性别有别，但他们都有一种自主的需要，都希望自己能够独立自主，而不愿被人控制。

其他人也是如此，一旦别人越俎代庖，代替自己做出选择，并将这种选择强加于自己时，就会感到自己的主权受到了威胁，从而产生一种心理抗拒，排斥自己被迫选择的事物，同时更加喜欢自己被迫失去的事物。

这也是为什么，母亲的威胁只能诱发小孩拒绝穿鞋子，岳父的规劝只能激起奈哈松的怒气。反抗的一方是以反抗的方式，表达自己自主的需要，证明自己不易受人摆布。

一般而言，他人的干涉越多，反抗就越强烈。到最后，你让我往东，我偏要往西；你叫我往西，我偏要往东。心理学家把这种现象称为"罗密欧与朱丽叶效应"。

这个名字源于莎士比亚的名剧《罗密欧与朱丽叶》。该剧描写了罗密欧与朱丽叶的爱情悲剧，他们相爱很深，但由于两家是世仇，感情得不到家里其他成员的认可，双方的家长百般阻挠。然而，他们的感情并没有因为家长的干涉而有丝毫的减弱，反而相爱更深，最终双双殉情而死。

鉴于人们的这种心理，在说服他人必须多加小心。

说服一个人放弃他所坚持的事情，千万不要严厉地指责、呵斥、命令其就此放弃，相反，不妨一开始就表现出对他所坚持的理解甚至是支持。

比如，一位下属，他的工作方法是最低效的，但他总是改不了，你千万不要硬性地要求他改变，你可以在事完之后，对他说："辛苦你了，哪天咱们一起想办法简化一下程序，也许能节约你一些时间。"就这一句话，在下属心中，你就成了一个体贴的人，一个值得卖命的人。还不用你想办法，他已经开始尝试改变了。

下属对上司，道理也一样。如果你的上司总是一意孤行，千万不要试图一下子就说服他，先顺应他，再想办法引导他，说服的可能性会大很多。

人—际—关—系—的—心—理—学

"罗密欧与朱丽叶效应"，一般而言，干涉越多，他人的反抗就越强烈。到最后，你让他往东，他偏要往西；你叫他往西，他偏要往东。鉴于此，说服一个人放弃他所坚持的事情，千万不要严厉地指责、呵斥、命令其就此放弃，相反，不妨一开始就表现出对他所坚持的理解甚至是支持。

为—人—处—世—的—潜—规—则

9

如果对方疑虑重重，不妨用具体的数字去说服

随着恐怖分子的大量出现，劫机事件一件接一件，搭乘飞机的旅客越来越担心自己的人身安全。

美国“9·11”劫机事件发生之后，大家更是“谈虎色变”，许多人都因此不敢搭乘飞机，使得飞机的搭载量急剧减少，全世界的航空业一落千丈。

面对这种情况，一家航空公司想到了一个办法：特地在售票处挂起一块告示牌，醒目的标语写着：

“劫机发生的几率不到千万分之零点一二。”

看了这个告示牌，不少顾客对售票员发牢骚说：“这么看来，等于每一亿人就有一、二个人遇到劫机。”

售票小姐笑着回答：“据统计2000年每百万次飞行发生的有人员死亡的空难事故的次数为0.85次，也就是说117.65万次飞行才发生一次死亡性空难。换句话说，如果有人每天坐一次飞机，要3223年才遇上一次空难。您请放心吧！劫机如同中乐透头彩一样难，几率很小的。”

顾客反驳说：“六合彩再难也有人中呢！”

售票小姐回答说：“既然这是千载难逢的事情，干吗要害怕呢？”

听了这话，顾客觉得有道理，于是决定还是买机票。

航空公司说服顾客的策略是什么？用具体数字，消除乘客的恐惧心理。结果表明，这一方法有效。

从科学的角度来看，这是有理论依据的。

心理学家研究发现，具体的数字最有说服力，愈是明确的数字资料，愈能给人以信任感。

在日常的生活与工作中，我们总是会遇到这样或那样疑心很重的人。比如我们的父母、朋友、邻居、上司、同事、客户。某一天，因为某事，你试图说服对方，但是，出于这样或那样的原因，对你的劝说，对方总是持怀疑态度，于是你坚持不懈、一再劝说，可你越是急于说服，对方的疑心就越重，结果事情变得更糟。

其实，换位思考，如果被说服者是你，你也可能有这样的反应。

比如，一位推销员向你推销他的产品，一开始你就持有怀疑，如果他说得有道理，可能你的疑心会减轻，如果他夸夸奇谈，一个劲地说，你的疑心就会越来越重，不仅不为他所动，连他先前说的那些令你半信半疑的话你也全都不信了。

相反，如果这名推销员不是一个劲地胡夸神侃，而是用一些具体的数字来说明产品的品质，我们的疑心就会大大减轻。

比如，一位推销电器的销售员说，该电器的返修率只有1%，另外一些同类产品的返修率是10%。单单是这一个数字，就相当有说服力，它说明该产品的材质很好，耐用。如果对方再说，该产品节能，与同类产品相比，它能节能20%。听了这个数字，想来很多顾客都会动心。质量好且耗能低，不买它还买啥?!

这样的推销员往往是懂得顾客心理的。也许，不论是1%的返修率还是20%的节能量，并没有所谓科学的统计依据，但顾客却很有可能相信，因为它是具体的数字。

具体的数字具有说服力，这不仅体现在推销员的推销工作中。在日常工作中，具体的数字也能起到很好的说服效果。

比如，你是一位项目负责人，打算开发一个新项目，拿什么让领导相信新项目的预期收益及其可行性？最好的办法就是采用具体的数字。

在我们工作中，我们经常可以看到这样的场景：一个偌大的办公室里，几个拥有决策权的公司领导围坐在一张圆形的会议桌旁，某业务骨干正通过多媒体向领导展示自己对新项目的构想、研究。在这个过程中，你会看到，这位业务骨干的说服工具往往不是嘴巴，而是一张张表格，一个个抽象的数据，其中有当前同类项目的利润贡献率，未来新项目的投资回报率，新项目在先进企业的利润贡献率……既有比较又具体，自然具有说服力。因而，演示者信心十足，聆听者点头频频，最后，在一片满怀希望与赞赏的掌声中，新项目的申请工作完成。

身在职场，切记数据的重要性。当你向疑心重重的上司汇报时，当你说服半信半疑的同事时，当你面对满腹疑虑的客户时，不要忘了使用具体的数字，相反，你应该尽量使用那些可靠的数据。

当然，数据要有说服力，一个前提是数据科学、准确、合理。这些数据可能由权威机构发布、由行业专家认证，或经过自身反复的实验、调查统计。为此，平日里我们得做个有心人，多收集与工作相关的数据。

——人—际—关—系—的—心—理—学——

心理学家研究发现，具体的数字最有说服力，愈是明确的数字资料，愈能给人以信任感。身在职场，切记数据的重要性。当你向疑心重重的上司汇报时，当你说服半信半疑的同事时，当你面对满腹疑虑的客户时，不要忘了使用具体的数字，相反，你应该尽量使用那些可靠的数据。

——为—人—处—世—的—潜—规—则——

10

如果对方怕负担，告知他回避负担所带来的是更大的负担

美国企业巨子艾科卡一生最大的成就，是使濒临破产的克莱斯勒公司起死回生。当时，克莱斯勒连年亏损，债台高筑，大小银行无一家肯给他们贷款。艾科卡决定向政府求救，由政府出面担保他们获得贷款。

这一请求引起了美国社会的轩然大波，社会舆论几乎是众口一词：让克莱斯勒赶快倒闭吧。按照企业自由竞争原则，政府决不应该给予经济援助。

为了说服议员们，在国会为此而举行的听证会上，艾科卡力陈政府出面担保贷款的充足理由，他指出：如果克莱斯勒倒闭了，它的60万职员就得成为日本的佣工；如果克莱斯勒倒闭的话，国家在第一年里就得为所有失业人口花费27亿美元的保险金和福利金。

他向国会议员们说："各位眼前有个选择，你们愿现在就支付出27亿呢？还是将它的一半作为保证贷款，日后可全数收回？"持反对意见的议员无言以对，贷款提案终于获得通过，并且比原来艾科卡想要的10亿美元还多了5亿。

贷款使克莱斯勒获得新生，公司一举开发出几种新车，创造了有史以来的最高纪律。

艾科卡的聪明之处在哪？在于他了解政府的心理：害怕负担。

在政府看来，给予严重亏损的克莱斯勒经济援助——提供贷款担保，可能

给自己造成双重的麻烦：政治上的或经济上的。

首先，在政治上，亲自出面为克莱斯勒提供担保，违背了市场经济条件下企业自由竞争的原则，违反了民意，可能导致民众的不满；经济上，如果克莱斯勒获得贷款之后，仍然不能扭转局面，不能及时支持银行贷款利息或偿还贷款，作为担保人，政府必得出面赔偿。这样一来，政府就背上了一个沉重的包袱。

谁愿意有包袱？谁都不愿意，政府也不例外。所以说，政府表示拒绝是情有可原的。

“趋利避害”是人之常情。人们在做任何选择时都会考虑自身利益的。一般而言，在利益面前，如果有大利与小利之分，一般人都会选择大利，哪怕冒更大的风险；在负担面前，如果重的负担与轻的负担，一般人都会选择轻一些的负担。

因此，求人办事，如果对方在办成之后，能够获得某些利益，应该让对方看到尽可能多的利益，这样他会乐于帮你办事。

如果可能给对方增加负担，恰巧对方又很怕负担，就应该让对方知道，拒绝帮忙会导致其日后承担更大的负担，这样，对方即使有顾虑，也会接受你的请求。

就拿克莱斯勒的例子来说，对于政府而言，提供贷款担保是一大负担。可是不提供担保，克莱斯勒倒闭了，政府得承担更大的负担：在第一年里就得为所有失业人口花费27亿美元的保险金和福利金。一旦政府明白了这个道理，态度就了大的转变，艾科卡的目的也就达到了。

我们常常听到父母教育孩子，也运用这一技巧：

“少年不努力，老大徒伤悲。”

“不养成良好的学习习惯，以后功课多了会无法应付。”

“不每天打扫书桌，痕迹多了就难以打扫了。”

我们也常常听到上司对下属说：

“现在不努力地工作，以后只有努力地找工作。”

“计划不周详、预算不准确，项目可能中途夭折。”

“不愿花时间建立客户档案，可能得花更多时间去寻找客户。”

多半，听到这样的话，孩子会有所行动。他们之所以不爱学习、不愿约束自己、不打扫卫生，是因为他们觉得那是一大负担。但是，一旦他们明白，逃避当前的小负担，将来会面临更大的负担，就会改变自己的不当行为。

下属也一样，谁都不希望整天去找工作，不希望项目做到一半而前功尽弃，不希望失去更多的客户。因此，他们会好好珍惜现在的工作机会，努力工作；会在项目筹划期，投入更多的时间与精力；会花更多的时间去整理客户档案，了解客户的需求，而不是盲目地去寻找新客户。

人际关系的心理学

"趋利避害"是人之常情。求人办事，如果对方在办成之后，能够获得某些利益，应该让对方看到尽可能多的利益，这样他会乐于帮你办事。如果可能给对方增加负担，恰巧对方又很怕负担，就应该让对方知道，拒绝帮忙会导致其日后承担更大的负担。这样，对方就无法拒绝了。

为人处世的潜规则

第六章

韬光养晦，深藏不露

永远不要暴露自己的目标，不要轻易亮出自己的底牌，不要让自己的锋芒在别人的眼前晃动。人生好比一场战斗，要学会隐藏自己，埋伏自己。只有学会防守，让自己首先获得保全，才能掌握运筹进攻的策略和等待进攻的时机。

1

逐步提出自己的要求，获得最大的让步

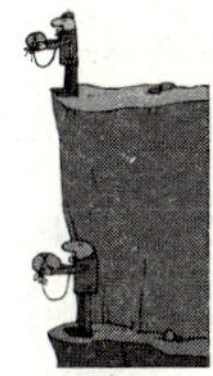

一个小孩去商店买随身听。

小孩问售货员："阿姨，这个随身听多少钱？"

店员按标价回答。

小孩又问："那么，多少钱能卖？"意思我知道定价，你最多能便宜多少？

经过几番讨价还价，价格降了下来。不过，小孩对此并不满意，他说："买一个是这个价钱，我是和同学一起来的，买两个多少钱？"

价格又往下降了一点。

然后，小孩说："我没带那么多的钱。"

于是，店员问小孩："你身上带了多少钱？"

小孩答："总共××元。"

想想已折腾了半天，店员只好让步，说："就按你带的钱卖给你啦！"

结果还是不能成交。因为那小孩还是缠着不放，说："都给了你，我坐车就没钱了，回不去家了。"

于是店员说出把车费扣除后的价格。

最后小孩又提出："阿姨，能给我送到家里去吗？"店员回答说："送不了。"

"那么，我自己拿回去，多少钱？"小孩又要求她把运费扣除掉。

结果，店员又搭上电池、光盘，小孩子心情舒畅地回家去了。

看得出，这是一个聪明的孩子。也许，他并不知道什么是人的心理，但他却了解人的心理，并且善加利用，为自己争取到了最大的利益。

在心理学上，小孩子利用人们的这一心理所产生的作用叫“门槛效应”。

心理学家费里德曼和费雷泽的一项研究证明，让人们先接受较小的要求，能促使其逐渐接受较大的要求。换句话说，向对方提出要求时，将要求零碎地提出来，就比一下子提出所有的要求更容易得到首肯。

如果你不喜欢拐弯抹角，一股脑地提出要求，对方往往会被吓着，自然产生防范心理。

相反，如果采取逐渐渗透的策略，对方就会认为你每次小小的要求关系不大，而消除对你的戒备，这样，你就容易取得最后的胜利。

美国的外交官查尔斯·塞耶就是利用“门槛效应”，从对手那获得了最大的让步。

第二次世界大战爆发后，塞耶为了给关在德国监狱的一个英国副领事送一些财物和生活用品，不得不与监狱长反复谈判。在提供马提尼酒这一问题上，监狱长始终不肯让步。塞耶只好另想办法。

见到英国的副领事，塞耶一件件把东西递了过去：睡衣，衬衫，袜子，一套梳洗用品……随后，塞耶拿出了一瓶，雪利酒，向副领事解释说，他可以在午饭前喝点儿。

监狱长一言不发，但还是顺从地把酒接了过去。接着，塞耶又拿出了一瓶香槟酒，塞耶对副领事说，这可以先冰镇一下，到恰当好处时与午饭一起享用。

监狱长有些不耐烦地转动着身子，但他仍旧没说什么。紧接着，塞耶又拿出一瓶杜松子酒、一瓶味美思和一个鸡尾酒调制器。塞耶解释说，这些都是为副领事调制晚餐用的马提尼酒准备的。

“哦，你兑上一份味美思，”塞耶转过身，开始对监狱长说，“四份杜松子酒，再加上足够多的冰块……”

“该死！”监狱长简直是气炸肺了，“我可以给这个犯人提供雪利酒、香槟酒，甚至是杜松子酒，但他完全可以自己来调制他的马提尼酒。”

为什么监狱长原本拒绝提供马提尼酒，最后竟然同意了？

因为塞耶是亦步亦趋地慢慢提出自己的要求，一件一件地提供调制马提尼酒的原料和工具。监狱长原不答应提供马提尼酒，但他的犯人实际上还是得到了马提尼酒。

这样的方法也是谈判能手惯用的技巧。

聪明的谈判者知道，要让对方同意自己提出的条件，循序渐进才是上策。因此，他绝不会一下子就摆出让对手接受的全部条件，相反，他会把要求细分，在不同的阶段，一点儿一点儿地提出来，这样，对方就能一次一次地说服自己，最终达成协议。

人—际—关—系—的—心—理—学

“门槛效应”：心理学家研究证明，让人们先接受较小的要求，能促使其逐渐接受较大的要求。换句话说，向对方提出要求时，将要求零碎地提出来，就比一下子提出所有的要求更容易得到首肯。

为—人—处—世—的—潜—规—则

2

在闲谈间询问对方的想法，在对方不提防时考察对方的言行

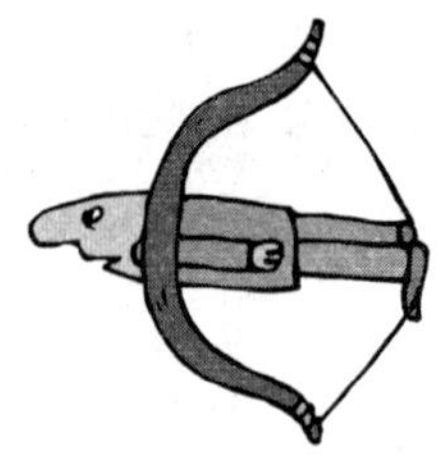

电影《胜利大逃亡》中有这样的情节：

从俘虏营成功出逃的俘虏们在即将跳上火车越过国境时，德国兵走了回来，用流利的德语盘问俘虏们。当俘虏们摆脱盘问终于又能上车时，那个德国兵突然用英语嘀咕了一句："请多保重！"致使俘虏们也用英语顺嘴说出了："谢谢。"结果，暴露身份的俘虏们悲惨地倒在弹雨中。

大家可能会认为这是影片，现实中人们不会如此大意。事实并非如此。

一位税务调查官遇到了一位很难对付的企业经营者。调查完成之后，两人一边喝茶一边闲谈。接受税务调查的企业经营者一直处于一种高度的紧张状态。全部调查结束后，他总算安下心来。

这个时候，税务调查官一边品着茶，一边若无其事地说了一句"真是一幅好画呀！"

"是呀，我们在这儿说，这可是一幅真品！"

经营者于不经意间吐露了漏税的证据，正中税务调查官的下怀。

为什么精明的俘虏与经营者会泄漏自己的秘密呢？

一个人在某种特殊的情况下，戒备心往往会比较重，会比较警惕，会有意识地隐藏自己的心声。如果情况变了，比如警报突然消失了，场所突然转换了，这

种转变往往会带给人一种安全的感觉，让人不由得放松警惕，一不留神说出真心话。

如果想要了解一个人的真实想法，又明知道对方不轻易说，不妨采用这种办法，让对方心情放松，自然地说出心里话。

就像下面这位杂志社的总编辑那样。

年底，某杂志社打算在新的一年里进行大范围的改版，为了征求更多更新的意见，杂志社举办座谈会，还请来了主管单位的两位主要领导。也许是场合太正规太严肃，大家伙都有些拘束，根本谈不上畅所欲言，整个会议大话套话多，真知灼见少，没有多少实质性的收获。

正式议题结束之后，总编辑特意说了一句"座谈会到此结束，接下来大家可以轻松交谈……"

这下，大家心情放松了，也不担心自己的发言太过幼稚，都纷纷吐露自己的心声，为杂志的改版出谋划策。

结果，最终被采纳的建议源于正式座谈会的少，源于非正式的会后杂谈的多。

人们常说：人前人后两个人。一个人，在思想行为方面，总是具有多面性；在意识里，总是具有伪装自己的倾向。因而一个人，出现在不同的场合，表现总是不太一致，甚至相差很远。

在正式场所，人们的表现会受到理智的控制，思想上的顾虑会比较多，言行会比较拘谨，真实性会打折；而在非正式场所，人们的表现通常会更多感性，而少一些理性，少许多伪装，更真实，更能体现个性，不用说，这种情况下的表现更可信。

因为这个原因，在非正式场合的闲谈中，更容易听到对方的真心话。同样，在非正式场合没有提防的情况下，更能看到一个人的真性情。

这也就是为什么，一些高层的管理者，他们在寻找接班人的时候，往往不是选择公开场合进行公开的考核，而是故意安排一些非正式场合，在候选人不注意时偷偷观察，由此收集信息，作出正确的判断。

曾任芝加哥第一国家银行的总裁葛奇便是如此。

就在葛奇出任芝加哥第一国家银行的总裁不久，一名名叫福根的银行出纳前去与他见面。这本是一次很正式的见面，但葛奇把他弄得像是闲谈。

面对自己的新下属，这位新总裁表现得让人很费解：他一个劲地寻根问底，尽是问一些琐碎不堪的事情，从福根的儿童时代一直问到福根当时所从事的职业，当然，他也问了福根许多银行的经验。

新总裁的举动让福根很惊讶，他百思不得其解。直到回到自己的办公地点，他也没明白新总裁葫芦里装的是什么药。

更令他惊讶的还在后边呢，没过多久，葛奇就亲笔批了个条子，把他提拔为第一国家银行副总裁。

福根这才明白，总裁是在自己一点也不知道的情况下，利用闲谈的机会来考察自己的为人。

的确如此。为什么葛奇会采取这种方式呢？一般的大公司不都是先把某几个人选作候选人，让他们接受一段时期的公开考核，然后再根据考核结果确定接班人吗？

不过，在葛奇看来，这样做难以避免候选人在考核过程中的表现不真实。

葛奇认为，一个人在不提防时所做的事和所说的话，才是最真实的，才是最能反映一个人的本性的。因此，面对福根，葛奇故意隐瞒了自己的目的，只是和他随意地攀谈，海阔天空地问他一些问题，然后静听他的回答，注视着他的言行举止。

葛奇的做法果真有效，福根的确不负众望。六年之后，当葛奇加入麦金利的内阁后，福根便接替他做了该银行的总裁，成为全国领袖银行家之一。

采用暗中考察的方法去挑选人才，与正式的选拔相比，花费的时间与精力会多一些，但往往更能挖掘到适合的人才。

某保险公司经营很成功，一大批优秀的推销员功不可没。而发现这些推销员的伯乐就是该公司的经理。他所采用的方法就是暗中考察。

该公司经理有一个习惯，无论是在商店里、在旅馆里还是在火车上，他都喜欢去与那些偶然认识的人打交道，对那些他感兴趣的对象，他会在暗中观察他们的一举一动，以考察他们是否能为自己所用。因为考察是在对方不注意的时候进行的，因此，考察得到的信息往往比较真实、全面，这就确保了他的判断正确，从未选错人。

作为管理者，不可避免地要面试应聘者、考察下属，为了提高选聘效果，不妨采用暗中考察的方法。

比如在面试时，应聘者可能有意或无意地掩饰自己的真实想法，你不妨把一些关键问题安排在面试结束后发问。应聘者刚从紧张的面试中解放出来，没有了心理压力与防备，表现应该是真实的。

在与下属相处时，暗中考察也非常有用。不要把考察仅仅局限于工作时间，在工作之余，比如休息时间、娱乐时间、就餐时间，与下属闲聊，或悄悄地观察下属的一举一动，这样，你更有可能获得真实的信息，看准人，从而用对人。

人际关系的心理学

一个人在某种特殊的情况下，戒备心往往会比较重，会有意识地隐藏自己的心声。如果情况变了，比如警报突然消失了，场所突然转换了，这种转变往往会带给人一种安全的感觉，让人不由得放松警惕，一不留神说出真心话。如果想要了解一个人的真实想法，又明知道对方不轻易说，不妨先让对方心情放松，让对方自然地说出心里话。

为人处世的潜规则

3

利用“钟摆心理”，巧妙拒绝对方的请求

“小张，能帮帮我吗？”午饭后张姗正在为第二天的产品演示忙碌，同事似乎不长眼，问道。

“什么事？”张姗本想一口拒绝，又怕得罪了人，只好把“不”字吞到了肚子里。

“上半年的客户名单，下午能不能帮我整理出来？我下午有点急事！”

“今天下午？”张姗有些迟疑。

“对，下班前得交。”同事眼里满是期待，“也就两个小时，我现在就得走。”

“好吧，我一会儿帮你准备。”稀里糊涂地，张姗答应了。

同事刚离开，她便悔不当初、自责不已，“这怎么来得及呢？”“我怎么这么没用，为什么不拒绝他？”

结果，同事的忙倒是帮了，可准备产品展示会的时间给耽搁了，为此，张姗不得不加班，十点钟才离开办公室。

张姗万万没想到，第二天，负责销售的副总临时决定观看产品展示会，这下，张姗心里更是紧张，因为头一天晚上加班时间过长，休息不好，在用英文讲解产品时，张姗出现了两次严重的口误。

对此，副总很不满意。也许，张姗的美好的前景就此毁于一旦。

身在职场，像张姗这样的人很多，自然，张珊式的苦恼也不少。

不愿拒绝他人似乎是人的天性，你也许也曾如此：上司或同事叫你帮忙做某件事的时候，即使这件事不该你做，或超出了你的负荷，你往往不会去拒绝而是马上应承下来。结果既让自己烦恼不已，又可能因为办砸了事情而给上司与同事留下了不好的印象。

其实，并非所有的领导或同事都不能接受你的“不”。只要你的“不”说得合理而巧妙，你反而能够赢得他人的赏识。

当然，事情都是说着容易做着难，毕竟，面对每天朝夕相处的上司与同事，一句干脆的“不”不是那么容易说出口的。因此，有必要学习并掌握拒绝的艺术，以恰当的方式说“不”。

一个巧妙的办法便是让提出请求的人产生“钟摆心理”，达到委婉拒绝的目的。

什么是“钟摆心理”？

你是否有过这样的体会：到某风景区去游玩，突然眼前一亮，看到一两件特别好看的工艺品，比如很有特色的小陶器之类，你决计买下它。

售货员看到你眼中的惊喜，走过来，对你说：“喜欢吗？那边还有一大堆，什么样的都有。”你顺着店员所指的方向一看，哇，真是，一大堆，色彩斑斓、神态各异。你喜出望外，手拿着这个，眼却盯着那个，于是，放了这个，拿了那个，却又觉得手里拿的还没有刚刚放下的好看。

于是，来来回回、犹犹豫豫，折腾了半天，你反倒不知哪个好，结果，你一个都没买，空手而归。

类似这样的体验，我们每个人在生活中都应该有过这样的感受吧，戴一块手表的时候我们可以知道准确的时间，但当我们戴两块手表的时候。便不敢确定几点了。

因为，当你只戴了一块手表时，你唯一的参照标准就是这块手表，你可以确信它的正确性；但当你有了两个参照物的时候，你就会受到干扰，不知道该选择哪个作为标准了。

也就是说，在没有选择的时候，我们希望有选择，而一旦选择多了，我们反而无从选择。这就是人们普遍存在的“钟摆心理”。当一个人同时拥有两种或两种以上的选择时，就会夹在这些或多或少的选择中，产生心理的纠葛，像钟摆那样在选择中来回摆动。一旦产生了“钟摆反应”，就难以下定决心，犹豫来犹豫去，作不出决定，甚而推翻自己最初的选择。

利用人们这一心理来拒绝他人的要求会很有效。

比如，当某人试图请你帮忙的时候，你可以设法推出一个使对方追逐的第三者，然后，令对方在自己和第三者之间，像钟摆一般来回摆动。

比如暗示对方：“他比我更熟悉这项工作……”、“他的时间比我宽裕……”，或“他的朋友多，这事他准能搞定……”等等。

对方因同时出现两个都想满足的愿望，首先会发生心理上的纠葛，感到困难不已：该把焦点放在哪一个人身上好呢？

采用这种拒绝方式的关键在于：推荐一个或者多个比自己条件更合适的人，打消对方找你帮忙的念头。不管情形如何，重点都在把攻击目标分割，让对方产生“钟摆反应”。

一旦对方在两人或多人之间来回奔波，对方就很容易放弃对你的期望。这样做，还可能给对方介绍了一个更有条件帮助他的人，说不定对方不仅不怪罪你，还对你心存感激。

人际关系的心理学

“钟摆心理”：当一个人同时拥有两种或两种以上的选择时，会夹在这些或多或少的选择中，产生心理的纠葛，像钟摆那样在选择中来回摆动，犹豫来犹豫去，作不出决定，甚而推翻自己最初的选择，或者放弃选择。利用人们这一心理来拒绝他人的要求会很有效。

为人处世的潜规则

4

先把办事要求提高，再降低，对方就容易接受

一位老和尚本想向施主要两根木头，但恐怕那位施主不答应。于是，他心生一计。他对施主说："请给我一栋房子。"

那位施主自然不肯答应。

第二次老和尚又对施主说："请给我两根木头。"施主对比上次一栋房子与这次两根木头，自然很爽快地答应了那位老和尚。

我们不能不佩服老和尚的智慧。他对人们的心理可谓了如指掌。

心理学家查丁奈发现，当人们拒绝接受一个较大的要求后，认知上的不协调会驱使他们建立新的平衡，因而容易接受一个较小的要求。当小要求与大要求有明显联系，且紧跟在大要求之后提出时，人们更容易接受这个小要求。

这一心理人们普遍存在。那些聪明的销售员当属这方面的心理专家。

比如你去小服装店里买衣裳，销售员通常一开始就狮子大张口，告诉你一个高出实际卖价许多的价钱。

你当然不能接受，于是你还她一个远远低于你能够接受的价钱。等你还完价，对方可能会说："你还的是钱，我喊的是价。"意思价钱有得商量。

双方开始砍价。你开始挑毛病，说这不好，说那不好，让她一点点往下降。她自然会辩解，也会告诉你这儿好，那儿好，让你一点点往上加。

结果她一步步减，你一点点地添，最后成交了。多半你满意，对方也满意。

因为，相比她喊的价，成交的价低了很多，你会觉得占了很大便宜；而相比你第一次还的价，成交的价也高了不少，她会感觉自己赚了不少。

事实上，双方都做了妥协，又都得到了满足，你以后还会再次光顾，而销售员也愿再见到你这样的回头客。

这也是为什么，在许多谈判中，老练的谈判者会在一开始提出苛刻的条件，然后再提出妥协的方案，即使这个妥协方案仍然是很苛刻的，也会让对方感觉是个较为宽松的条件。这是人们心理上的对比效果造成的。

懂得人类的这一心理很有用。在处理各种各样要求的时候，提出高于自己实际要求的要求，自己的实际要求更容易得到满足。

比如，作为项目的负责人，你找领导审批经费，你也可以先把经费的数额提高，再降低，领导就容易接受些。

假设项目的预算费用为十五万，你知道公司资金不很宽裕，问老板要钱不是那么容易，你不妨提出预期费用为二十万，老板一听，觉得多了，砍下五万，批十五万，你正好能应付。

反之，如果你明知预算不可能一次通过，需要十五万就如实地报十五万，结果老板给你十万，项目没法完成，结果会对谁不利呢？等到没有一分钱了再去追加经费，甚至等到上面责备你用了钱没办好事时再去申辩，到那时，又有谁会听你的呢？

再如求人办事，你一开始就提出低要求，可能就遭到了对方的拒绝。这样就没有回旋余地了。改变一下方法，一开始就向对方提出一个根本不可能的要求，在对方拒绝之后再提出你实际的要求。这样，对方在拒绝了你一次之后，多半不好意思连续拒绝你，于是，你实际的要求不就得到了实现吗？

同样的道理，想让家人、朋友答应你的请求，也可以运用这一技巧。

比如，你打算向朋友借 5000 元钱，你就向朋友开口说借 10000 元，这时，朋友在心里会想，太多了，如果少借点，还有得商量。朋友可能会对你说：“你知道的，我只有这么点工资，实在帮不上你。”

见朋友为难，你如果随坡下驴，说：“真不好意思，我不知道你手头上也不宽松，要不这样，你先借我 5000 元，我再想想别的办法。”

这事不就成了吗？

——人—际—关—系—的—心—理—学——

心理学家发现，当人们拒绝接受一个较大的要求后，认知上的不协调会驱使他们建立新的平衡，因而容易接受一个较小的要求。当小要求与大要求有明显联系，且紧跟在大要求之后提出时，人们更容易接受这个小要求。因此，在提出要求时，可提出高于自己实际要求的要求，使自己的实际要求得到满足。

——为—人—处—世—的—潜—规—则——

5

告诉对方这是“最后一次”，促使对方尽早下决心

“十一”放假，一个女孩在逛商场，在某知名化妆品专柜前，她停下了脚步。

“您好！现在本产品一律八折，你需要哪一款产品。”售货小姐马上迎了过来。“眼霜、晚霜和防晒的。”“还需要别的什么吗？”

“不需要。”女孩忽然想起自己的姐姐，也用该品牌，是否有必要代买？正犹豫着，售货小姐说话了：“趁打折多买两样吧！”

“我不需要了，家里人可能会来买。打折活动到什么时候为止？”

“今天十月五号，是最后一天了”。

“以前活动不都到七号才截止吗？”

“买的人太多，我们的活动提前两天截止。”

女孩感到很庆幸，结果，又买了同样的几款产品。

“十一”的最后一天，女孩的姐姐去逛商场，无意中，她发现，妹妹两天前买的化妆品仍在打折。

看到这，你是否会惊讶，是否会不解？也许，你也遇到过这类的情况。

为什么售货员会撒谎呢？她撒谎的目的只有一个：促使犹犹豫豫的顾客打消“还有”的念头，立刻掏钱消费。

她运用的技巧是什么？

即打消对方的“还有”意识，让对方形成“最后”的意识。

什么是“还有”意识？什么是“最后”意识？

通常，人都有等待机会的惯性。对一件事总是迟迟不敢下结论。

例如，我们常会听到有人说“没有关系，下次……”、“时间还没到，以后……”、“产品还不够成熟”等等。一旦出现了“下次，以后，还有……”这类词时，要让人采取决定性的行动就非常困难了。

人们优柔寡断，多半是“还有”意识在作怪。

有些女人为什么不想结婚??

许多男人与女人交往多年，而且十分认真，同时也都几近同居状态，但是一提起要结婚，女方便开始闪烁其词，电话以及约会次数都逐渐减少，最后便提出分手。那些男人到最后也无法理解自己为什么被甩掉。

依他们的想法，自己不求婚而被甩掉，还比较能理解，而要求结婚却被甩掉，就真的难以理解了。

其实，女人拒绝结婚登记的原因大都是在等待更理想的对象。

几乎每个人在下决心的时候都会期待：还有时间、还有一次，还有更好的。他们常常会这样想“反正还有的是时间，再等等或许会有更好的”。

对于这样的人，如果给他长时间去考虑，一个可能会浪费你的时间，再一个可能会夜长梦多，增加你的风险。试想，在等待的这段期间内，他是不是很可能受到其他情况干扰，更加做不出决定了，或者放弃交易的愿望？事实上，这都是有可能的。

比如，那位购买化妆品的女孩，她本来也有给姐姐代买化妆品的意愿，只不过认为，优惠活动还会持续两天，那时姐姐可以自己来买。这样，自己就不会有打电话、送货的麻烦了。

售货员看出了她的心理，心想，我要是告诉她还有两天，这笔销售可能就做不成。因为，她的姐姐可能会来买，也可能不会。这中间有太多的可能发生。比如，遇到了其他的事情，没时间到商场来购物；来了商场，但却被别的商家给拉走了。这都是可能的。

从心理学角度来讲，与“还有”的意识相对的，就是“最后”的意识。

如果对方举棋不定，最保险的做法就是，告诉对方这是“最后……”或“只有一次”，让对方认为这是最后的机会，令其明白他所期待的更好结果是不存在的，这样，对方通常会立马下决心购买。

这也是为什么，我们常常看到商家让人眼花缭乱的广告："最后一周，清仓大甩卖"、"最后一天，跳楼价"、"限时抢购两小时"……

因为这些所谓的"最后"，很多人盲目地买下了原本不想买的东西。

要知道，人们对"最后"这一字眼总是很畏惧，很难承受的，常常一听到"最后"两个字，就变得大胆冲动、缺乏理智，原本做不了决定的事马上就做了决定。

推而广之，商家的这一技巧也可以用于与他人的谈判、交涉，甚至于企业的管理中。

比如，双方进行商务谈判，对方犹犹豫豫，迟迟下不了决心。这时候，不要让对方有更多考虑的时间，给他来个最后通牒，告诉他，这是最优惠的条件，以后绝对不会有任何让步了。

一旦对方明白自己的期待是毫无意义的，他就会像你所期待的那样，早下决心。

人—际—关—系—的—心—理—学

人们优柔寡断，多半是"还有"意识在作怪，还期待：还有时间、还有一次，还有更好的。要让一个人尽快下决心，就要打消对方的"还有"意识，让对方形成"最后"的意识。告诉对方这是"最后……"或"只有一次"，让对方认为这是最后的机会，所期待的更好结果是不存在的。

为—人—处—世—的—潜—规—则

6

故意沉默不语，让对方摸不着虚实

在商业或私人交际中，沉默也许是最好的选择之一。

一个印刷业主得知另一家公司打算购买他的一台旧印刷机，他感到非常高兴。经过仔细核算，他决定以250万美元的价格出售，并想好了理由。

当他坐下来谈判时，内心深处仿佛有个声音在说："沉住气。"

终于，买主按捺不住，开始滔滔不绝地对机器进行褒贬。

卖主依然一言不发。

这时买主说："我们可以付您350万美元，一个子也不能多给了。"

不到一个小时，买卖成交了。

与人交涉，有经验的谈判者常用的方式是保持沉默。比如买方与卖方，如果卖方对自己没有信心，就会陷入自己跟自己谈判的泥沼之中，然后不断降价。这时买方只要用"嗯……"或"还是高了一点"这类的话，就可以让卖方持续降价。

与人交往，沉默也具有不可思议的影响力。心理学家认为，沉默可以唤起别人的关心，或者让人心生恐惧。

想想看，与人交往，什么样的情况能让你保持镇定？

一般而言，知己知彼能让你心安。比如对方滔滔不绝，或有问必答且答无不详。因为这样，对方的想法你大体了解，对方的目的你也清楚，便不会有所不安。

相反，如果与你相见，对方总是一味沉默，不主动表态，你问一句才答一句，或者回答过于简单、含糊，你会怎么样？恐怕多少会有些不安。

从心理学角度来讲，交流的某一方保持沉默，意味着交流的另一方被人为地断绝了沟通的渠道，无法了解对方的心理，于是，便会产生不安。

这也是为什么，我们说适当的沉默能够控制对方。因为沉默显示了一个人的"深藏不露"，令对方摸不着自己的虚实。

沉默的控制作用在现实生活中随处可见。

要知道，最令谈判者恐怖的，不是那种大喊大叫的对手，而是一言不发、只顾自写自画的对手。因为对方一言不发，你就无法知道他们想的是什么，不知道他们是否满意，是否不满意，更别说满意的程度是多少，不满意的程度又是多少，而那，恰恰是你要进或退，进多少或退多少的依据。没有依据，你如何确定对策？结果，对方三缄其口，你便惶惶不安，不知不觉陷入被动中。

最让商家疲惫的顾客，不是那种拿着产品就说这不好，那不好的主子，而是观看产品却沉默不语的主子。顾客挑剔产品，说明他（她）对产品有兴趣，同时你也知晓其不满，这样，你反而占据了主动。不过是说服顾客小毛病无关紧要而已。至于那不开口的顾客，你不知其好、其恶，只能费心思去琢磨，如果琢磨不到位，也就白花功夫。自然你会感觉累。

对父母而言，亦是如此。

让父母操心最多的孩子，不是那种无话不说的类型，而是那种"一棍子也打不出半个响屁"的类型。如果你教育了半天，孩子不吭一声，你心里难免发毛，难道我说得不对吗？我的话一句也没听进去？于是，你不安，你气愤，最终忍不住发了火，结果，情况更糟糕。

面对这类情况，人们应该怎么做？

以沉默对沉默，或者先简单表明自己的观点，然后沉默。

比如，一个谈判者，在无法与对方谈下去的时候，保持沉默，让对方不得不主动开口说话。

一个售货员，在挑三拣四的顾客面前，保持沉默，让顾客自知没趣、不打自招。

一个长辈，在犯了错却不主动认错的晚辈面前，保持沉默，让晚辈因不安而主动认错。

——人—际—关—系—的—心—理—学——

沉默显示了一个人的“深藏不露”，让人心生恐惧。从心理学角度来讲，交流的某一方保持沉默，意味着交流的另一方被人为地断绝了沟通的渠道，无法了解对方的心理，摸不着对方的虚实，于是，便会产生不安。这也是为什么，适当的沉默能够控制对方。

——为—人—处—世—的—潜—规—则——

7

迎合从众心理，故意制造群龙之首

一个人走进一家医院的候诊室，他向四周一看，感到非常惊讶：每个人都只穿着内衣裤坐着等候。他们穿着内衣裤喝咖啡、穿着内衣裤抽香烟、穿着内衣裤阅读报章杂志，穿着内衣裤聊天。

这个人起初非常惊奇，后来判断这群人一定知道一些他所不知道的内情，于是20秒之后，这个人也脱下外衣，仅穿内衣裤，坐着等候医生。

上述情景取材于美国作家艾伦·芬特60年代所作的电视剧本《小照相机》。

可笑吗？

你肯定认为可笑，不过，在我们的日常生活中，还真存在不少令人可笑的此类事情。

某街角，一个人忽见一长队绵延，以为有什么难得的好机会，赶紧站到队后排上，唯恐错过。结果排队的人越来越多，最后队伍都排到了大街上。等到队伍拐过墙角，发现大家原来是排队上厕所，不禁哑然失笑。

生活中，有太多的人有这样一种心理动向：看到有人排队就希望排过去，看到有人扎堆儿就希望靠上去。

在心理学上，这种心理动向被称为“从众行为”。从众心理，也叫“趋众心理”，是一种为适应团体或群体的要求而改变自己的行为和信念的心理。

“从众心理”可以表现为在临时的特定情境中对占优势的行为方式的采纳，也可以表现为长期性的对占优势的观念与行为方式的接受。

“从众心理”，几乎人人都有。

一个小年青，看到满大街都是穿大喇叭裤的人，自己也去买一条大喇叭裤，尽管自己身材瘦小。

一位职业女性，看见同办公室的人都烫了卷发，自己也想去烫一个，尽管自己的头发又多又硬。

一个上小学的孩子，看到别的孩子都有史努比模样的玩具，也想买，尽管自己的玩具多的都没地方搁。

想想我们自己，也不例外。如果去某商业区买东西，里面一家家的小店卖的东西可能大同小异，但有的小店人满为患，有的小店却冷冷清清。这时，你多半会选择进什么样的店里购物？那些人流涌动的店，对吧?!

最善于利用人们的这一心理来为自己谋利的应该是大大小小的商家。

20 世纪 70 年代末，日本索尼公司生产出一种能边走边欣赏的“随身听”录放机。为了打通销路，索尼公司决定采取一种更新颖更有效的营销方式。

当时在日本的学校内兴起了学英语的热潮，学校要求每位学生都必须有一台录放机，当索尼知道这一情况时，立即派出十名年轻的员工，携带“随身听”在学校的大门口来回走动，并故意放大音量，作陶醉欣赏状。

当学生们看到时，便纷纷打听是从何处买的。几天后，索尼的“随身听”遍及日本的各大、中、小学校。

索尼的广告宣传真可谓是一本万利，他们并没有向大众推荐他们的产品，而是锁定了一部分中小学生群体，利用他们的从众心理，让他们纷纷跟随潮流，加入了抢购随身听的活动中。

当然，这一心理战术的运用并非某些人的专利，只要你活学活用，也能有所收获。

如果你自主创业，开家小店，不妨在开张时，邀请你的七大姑八大姨或者各色朋友，围在店门店里，或进进出出，假装消费，这样，你就无须担心门庭冷落，那些亲戚朋友自会给你引来大批的顾客。

如果你想举行一次座谈会，又担心冷场，不妨事先安排几个人，让他们准备好问题，在会场积极提问，鼓励其他人提问。只要气氛足够活跃，那些原本不爱提问的人，看到大家都在提问，也可能跃跃欲试。

如果你负责主持公司会议，讨论某项棘手的改革方案。你知道改革的阻力很大，很可能大多数的参会者会在会上保持沉默，拒绝表态，你不妨在会议召开之前，私底下找几个人交流交流意见，安排他们在会议上带头发言，迫使其他的人也表态。

——人—际—关—系—的—心—理—学——

从众心理，也叫“趋众心理”，是一种为适应团体或群体的要求而改变自己的行为和信念的心理。“从众心理”可以表现为在临时的特定情境中对占优势的行为方式的采纳，也可以表现为长期性的对占优势的观念与行为方式的接受。利用人们的这一心理，可推销产品，吸引顾客，也推销自己的观点，迫使他人赞同自己。

——为—人—处—世—的—潜—规—则——

8

让对方加入你的行动，由对立者变为合作者

几年前，美国最大的一家汽车公司的代表要签订一项购买蒙面材料的合同。有 3 家公司为其准备好了材料样品。汽车公司看过所有样品后向这 3 家公司发出了邀请，要他们各自派代表参加最后的谈判。

其中一家公司的代表是在患有严重喉炎的情况下去谈判的。

这位代表进谈判厅的时候，他的嗓子哑得一点话都说不出来，几乎是在耳语。进去后他发现以该公司董事长为首的谈判小组成员全都在场。他停下来想说话，但一句也说不出来。

因为对方的谈判组成员都坐在对面，所以他拿起一张纸，写道："先生们，我的嗓子哑了，不能讲话。"

"我替你讲，"董事长说，他展示了这位代表的样品，然后开始夸奖起来。在尔后进行的讨论中，董事长完全站到这位代表的立场替他说话。而这位代表参加谈判的方式仅限于微笑、点头和做一些手势。

结果，这位代表一下子获得了 50 万码蒙面材料合同，大大出乎他的意料之中。

其实，这个结果不仅出乎这位代表的意料，也大大出乎我们许多人的意料。想想，要赢得那些时时保持冷静、高度警惕的谈判对手的信任与认可是多么不

容易的一件事。

应该说，在拉近与对方的距离，赢得对方的支持方面，这位代表给我们做了一个很好的示范：创造共同体验的机会，让对方加入你的行动，令其产生“伙伴意识”。

什么是“伙伴意识”？

人们只要参加共同的活动，有共同的体验，或者面对共同的障碍，彼此间就会有休戚与共的感觉，这就是伙伴意识。有了伙伴意识，双方的亲密度就加深了，哪怕是曾经对立的人，也会因为这种意识的产生而变得亲切。

在生活与工作中，这类的事例不胜枚举。

比如，两位同事，因为工作上的事情闹过别扭，某一天，两人同时遭受了上司的责备，便同病相怜，开始相互帮助。

两家邻居，因为一些鸡毛蒜皮的小事有了隔阂，有一天，房地产开发商侵犯了他们共同的权益，于是，两家联合起来，彼此的关系便由此改善。

两个孩子，因为争抢玩具而互不理睬。有一天，父母说要减少他俩的零花钱，他们便和好如初，一起去游说父母。

把这些事例引申开去，可以看出：一个人，完全可以创造机会，激发人们的这种意识，让对方与自己站在一起，成为自己的支持者。也许，在很多时候，仅仅施展一点小小的技巧就会非常有效。

比如，在商务活动中，如果你试图让一个可能会在公司的会议上反对你的人与你合作，你不妨对他这么说：

“请帮我拿一下说明书。”

“请帮我装订一下这些文件。”

“可以帮我把这些文件发给大家吗？”

通常，这样的话语可以产生神奇的效果。面对你所提出的诸如此类的求助，对方会在无形之中加入到你的行动中去。

如果对方开始帮助你，就在一定程度上意味着，对方已开始从反对者向合作者转化了。

人际关系的心理学

“伙伴意识”，人们只要参加共同的活动，有共同的体验，或者面对共同的障碍，彼此间就会有休戚与共的感觉，这就是伙伴意识。有了伙伴意识，双方的亲密度就加深了，哪怕是曾经对立的人，也会因为这种意识的产生而变得亲切。

为人处世的潜规则

9

借用权威者的意见，影响意志不坚定者的判断

在生活中，我们常听到这样的话语：

“××主席认为……”

“××作家说……”

“××歌唱家喜欢……”

“按照生物学家××的思想……”

“知名企业家××主张……”

……

××主席、××作家、××歌唱家、生物学家××、知名企业家××，他们职业不同，但有一个共同点，就是他们在各自的领域做出了非凡的成就，他们的意见与判断具有权威性。

一般来说，此人的名气越大，其意见与判断的权威性就越大，接收者接受的可能性就越大，因而其传播所影响的面也越广。

从心理学角度来讲，这就是所谓的“威望效应”。

美国著名的心理学家卡尔·夫兰和沃尔特·韦斯，对权威人物的作用曾进行过心理实验。

实验的对象是高中学生。请三个演讲者以同样的题目演讲，演讲完后，调

查学生们对演讲者观点的同意率。演讲的题目是"对于犯罪的青少年,应采取宽容的态度"。

在演讲之前,介绍这三个演讲者的身份。这三个演讲者,一个是法官(权威者),一个是家长代表"中立者",另外一个是麻醉药的销售商(威信低者,目前正在假释中)。

调查的结果是,同意法官的占73%,同意家长代表的占63%,而支持假释中的商人者只有29%。

另一位心理学家还做了一个类似的实验。

在给大学心理学系学生讲课时,这位心理学家向学生介绍了一位客人,说这位客人是从以化学领先闻名于世的德国来的一位著名化学家,然后请这位客人讲话。

这位客人用德语口音很重的英语说,他发现了一种新的化学物质,并拿出一个小瓶。他说,这种化学物质有一股强烈的气味,但对人体无害,因为在座的学生是学心理学的,他要测验一下学生的嗅觉,接着他请学生在他打开瓶盖后闻到气味时举手。他打开瓶盖后,不少学生都举了手。

瓶子里装的是什么呢?是有着强烈气味的化学物质吗?不是,只是一点蒸馏水,而这位"化学家"只不过是从外校请来的一位德语教师。

对于本来没有气味的蒸馏水,为什么不少学生都举了手呢?

因为,他们受了"权威人士"的影响,产生了"威望效应",被"权威人士"的意见或判断所影响。

不是说,买股票要听权威股评专家的判断,搭配服装要看权威服装师的分析,吃药要听权威医生的意见,看书要看某权威评论家推荐的书籍吗?

为什么人们会有这种心理?

这是因为,每个人每天都会遇到许许多多各种各样的信息。然而每个人的知识特别是专业知识的局限性,不可能对所有遇到的信息都能做出正确地判断、评价,那就得参考别人的判断、评价。

参考哪种人的判断、评价才可靠呢?当然是有关这一信息所指代行业的成功人士、行家或研究这一行业的专家、学者、教授。

"威望效应"对人们的心理与行为会有很大的影响。即使是当代国家首脑,也很注重与社会名流的交往,以此来抬高自己的声望。更何况那些渴望出人头地的普通人呢？借助威望效应，用名人做招牌，往往能够起到事半功的效果。

这也是为什么，众多的厂家与广告商都请大明星来做广告；初出茅庐的作家想尽千方百计让知名作家给自己的作品作序或写推荐语；小有名气的演员多次谈论某大腕对其表演天赋与能力的肯定。

不论是某大明星、知名作家还是大腕，他们都是名人、权威人士，有了他们的参与，可能厂家就能起死回生、新手的新作就能大卖、演艺新人的人气就能高升，甚至一举成名。

在生活中，发挥"威望效应"的作用，可以轻松地解决许多问题。

如果要让一个完全没有主张，也没有判断力的人来附和你的意见，可以巧妙地运用"威望效应"法。比如说，告诉他"某大人物就是这样认为的"，原本摇摆不定的他就会倒向你这边了。

当然，权威性也有大有小之分。在你工作或生活的小圈子里，你身边某个人的意见与观点也可能具有权威性。比如令你肃然起敬的上司、你杰出的父母或优秀的兄妹。

这些人虽不是众人眼里所谓的"大人物"，但是在一定的圈子里，他们也具有权威性，你不妨善加利用。

比如，要让你的同事或下属同意你的观点，你可以告诉他，这是某某领导说的；要说服你的兄妹或者你的晚辈，你可以告诉他，这是家庭中权威者的观点或做法。

——人—际—关—系—的—心—理—学——

"威望效应"，人们往往会被"大人物"的意见或判断所影响。一般来说，此人的名气越大，其意见与判断的权威性就越大，接收者接受的可能性就越大，因而其传播的影响面也越广。发挥"威望效应"的作用，可轻松说服与你意见不一的人。尤其是那些没有主见、摇摆不定的人。

——为—人—处—世—的—潜—规—则——

第七章

嘴上留情，脚下有路

毁灭一个人只要一句话，培植一个人却要千句话，请你口下留情，多栽花儿，少栽刺儿。一个人能管好自己的舌头就是最大的能力和最好的善德，一句好话抵得上半年的口粮，逼人不可太甚，给人留条后路，口下留情，脚下才会有路。

1

不说对方的建议“不好”，只说什么是“好”

自从公司的前任销售副经理辞职以来，销售部的副职已空了好几个月。

“我打算把宣传部门的××给你，你觉得怎么样？他很能干喔！”一天，总经理对销售部经理说。

“谢谢您，这么忙，还总替我着想。”

“他的业绩你应该也知道一些吧？”

“当然知道，他可是宣传部门响当当的人物。再说，总经理推荐的人还会有错吗？”

听了这话，总经理很受用，脸上露出了满意的笑容。

其实，熊伟心里并不这么认为。

事实上，他已把在自己手下干了三年的小高当作了候选人。在他看来，从部门内部提拔有经验的下属担任副职，远比从其他部门调任一位不懂业务的人要强得多。因为那样，不仅便于调动本部门员工的积极性，也便于工作的接任与开展。

“把他从宣传部门调到我们部门，是不是有点大材小用？我们部门的……”熊伟趁热打铁。

“你是不是有什么别的考虑？”总经理可不傻，听出了熊伟的弦外之音。

“咱们部门对外关系比较复杂，工作强度大，刚开始接手工作压力会比较大。您看小高怎么样？好学能吃苦，虽然才工作三年，但为人处事很稳重，也有很主见。上次那笔大业务就是我带着他谈成的，具体的业务他都清楚。”

总经理明白了他的意思，沉吟了半天，说：

“那咱们再考虑考虑吧。”

结果，熊伟如愿以偿，本部门懂业务、能吃苦的小高提升为部门副经理。

在职场，人们大多都有过这样的苦恼：向上司提出建议，明明是些很好的建议却屡遭拒绝。

为什么熊伟的建议能得到上司的认可呢？

因为他了解上司的心理。他并未当面反驳上司，指出总经理所推荐的候选人条件不符，而是强调部门副经理应具备的条件，以及自己所推荐人选具备的条件。这样，一方面避免与上司发生直接冲突，另一方面又把话题保留在自己所推荐的人选上。

《左传》中的一句话，“献其可，替其否”，意思是说，建议用可行的去代替不该做的。

也就是说，首先，要少从反面去否定和批驳上司的意见，甚至要通过迂回变通的办法有意回避与上司的意见产生正面冲突。然后，要多从正面去阐发自己的观点。

为什么呢？

因为人人都有自尊，人人都不喜欢被别人告知如何去做他们的工作。因为这一心理，人们对于自己得出的看法，往往比别人强加给他的看法更加坚信不疑。人们喜欢按照自己的方法做事，上司更是如此。

在很多时候，不是你的建议不对，上司不采纳，而是提建议的方式不合适。也就是说建议能否被采纳，在很大程度上与提出建议的方式有关。如果提出建议的方式不对，建议胎死腹中不说，还会遭遇上司的白眼。

试想，如果熊伟很直接地告诉总经理，他所推荐的人不适合，总经理心理会怎样想？

是不是不高兴？这是肯定的。因为，在总经理看来，否定他所推荐的人，就是否定他的眼光嘛。他自然会不高兴。如果他不高兴，结果会如何呢？多半是：为了维护自己的自尊，否定熊伟的建议，坚持自己的意见。熊伟的愿望不就难以实现了吗？

记住，对上司“多献可，少说否”，即便是为了维护公司利益，在发现上司决策有误，不得不对其提出建议之时，也要考虑建议的方式。

——人—际—关—系—的—心—理—学——

人人都有自尊，都喜欢按照自己的方法做事，而不喜欢被别人告知如何去做他们的工作。因此，要少从反面去否定和批驳他人的意见，甚至要通过迂回变通的办法有意回避与他人的意见产生正面冲突。然后，要多从正面去阐发自己的观点。

——为—人—处—世—的—潜—规—则——

2

以缓慢的语调复述对方的话，让对方意识到自己的错误

“检查团二十一号来，咱们得尽快做好准备。”经理对下属说。

“您错了。”下属立马回应。

“我错了？哪里错了？”

“您说二十一号，可二十一号是周末。”

……

可以想见，场面有多尴尬。那位被下属直接指出错误的经理会有什么感觉？感谢下属，抑或恼怒下属？

如果你是经理，听到下属这样反驳自己，心理会好受吗？多半不好受，轻一点，可能心里不舒服；重一点，可能会暗暗怨恨这个自作聪明的下属。

不用说，下属原本是出于好意，是想直接指出上司的错误，好让上司快点清醒过来。但是，这样做，常常会被“好心当作驴肝肺”，招致对方的怨恨。

为什么？

你只需换位思考一下就明白了。如果有人直截了当地对你说“你错了”，你会有什么样的反应？

你能高兴吗？哪怕你是真的错了，甚至错得离谱？

相信绝大多数人听了这话，都会不高兴。“你错了”这三个字的打击力度可不小。它等于全盘否定了一个人的判断能力与工作能力。

谁会高兴自己的能力被否定？相信这世上没有这样的人，因此，直截了当地否定对方说话的内容，只会带来不好的效果。

也许对方脸上会装出一副若无其事的表情，但心里多半在想“这家伙真是自以为是，居然口无遮拦。”

然而，在实际工作中，我们又常常遇到不得不否定对方的情形。比如对方意识不到自己的错误，还一意孤行、一错再错，放任自流也是不行的。

就像上面那种情况。经理把检查团到来的日期给记错了，难道下属能不提醒他？当然不能，这样会误事的，到头来经理可能还会怪罪下属的。

如果你是下属，你怎么办？不用说，你得想办法，以一种巧妙的方式，让对方反省，自己察觉错误。

最佳的做法是以缓慢的语调复述对方的话，让他在脑海中将自己说的内容重新整理一遍，然后自己察觉到错误。

就拿上面的例子来说，等经理说完“检查团二十一号来”，你完全可以按照下面这种方式处理。

“好，经理！二十一号？”

需要注意的是，复述“二十一号”这几个字时语调要非常缓慢。

如果经理没有反应，你再说缓慢地复述一遍“二十一号？”

听着你的复述语调异常，可能经理突然醒悟，“二十一号？二十一号不是星期六吗？”

问题不就解决了吗？一点也不会让经理感到难堪，聪明的经理会明白你是在委婉地提醒他，他会感激你的。

故意放慢速度，复述对方的发言，借此让对方在脑海中重新整理一下自己说的内容，这个方法非常有效。

一般而言，以缓慢的语调复述对方错误的说法，应该就可以让对方察觉到，及时醒悟。当然，也有可能，即便你复述了几遍，对方依然意识不到他的说法有错误。对于这种情况，你怎么办？

如果事情重要，非说不可。你可以在复述对方的话的同时，一点一点地慢慢传达出自己的观点,让对方注意到事情的真实情况是怎样的。

比如上面的例子,经理因为太忙,仍旧没有明白日期记错了,你不妨这样问:"二十一号?二十一号星期几?"

在回答这个问题时,经理就能发现自己的错误。

你甚至可以说得更明白一些:"二十一号?二十一号好像是星期六?"

不论是上述哪种说法,与"你错了"的说法相比,带给对方的感觉都会好很多。

——人—际—关—系—的—心—理—学——

直截了当地否定对方说话的内容,只会带来不好的效果。最佳的做法是以缓慢的语调复述对方的话,让他在脑海中将自己说的内容重新整理一遍,然后自己察觉到错误。

——为—人—处—世—的—潜—规—则——

3

提供建议给对方,让对方认为建议是他自己想出来的

如果你想让对方接受一个建议,碰巧他又非常固执,很难接受。这时候,不要直接提出你的建议,仅从正面阐发自己的观点,让对方去做结论。这样,对方往往会在不知不觉中接受你的观点,并亲自主张你的建议。

在整个二战期间,斯大林在军事上最倚重的人参谋长有两个,一个是朱可夫,一个是华西里也夫斯基。

受“唯我独尊”意识的影响,斯大林变得很难接受别人的意见,也不能容忍世界上有人比他更高明。莫斯科保卫战前夕,朱可夫将军曾建议斯大林,“放弃基辅城”,以免遭德军的“合围”。本来这是一个很有战略眼光的好建议,但斯大林听不进去,当面斥责朱可夫“胡说八道”,一怒之下把朱可夫赶出大本营。

后来的事实证明,朱可夫是对的。但是,一切都晚了。许多大本营的将领们在为朱可夫将军惋惜的同时,也在为让斯大林接受意见而发愁。

最终,华西里也夫斯基解决了这一难题。

华西里也夫斯基是如何做的呢?

他让斯大林在不知不觉中采纳了他关于正确作战的建议。

在斯大林的办公室,华西里也夫斯基喜欢与斯大林谈天说地,并且往往会“不经意”地说说军事问题,既非郑重其事地谈,讲的内容也不是头头是道。但奇怪的是,等他走了以后,斯大林往往会“想出”一个好计划。过不了太久,军事

会议就会讨论这个计划。

大家都佩服斯大林的深谋远虑,斯大林自然十分高兴。

华西里也夫斯基本人,也与大家一样,好像从来没听说过这个计划,与众人一道表示赞叹折服。其实他心里很清楚,那是他的计划。不过,他认为这不重要,重要的是正确的计划得到了实施。

华西里也夫斯基成功解决向斯大林纳谏这一难题,得益于他对斯大林"唯我独尊"心理的了解与迎合。

谁都有自尊心,谁都有逆反心,这就是人的天性。因为这一天性,谁都不喜欢被别人告知如何去做他们的工作。相反,他们喜欢按照自己的方法做事。地位越高的人越容易如此。他们更希望在地位比自己低的人面前表现出伟大、睿智,更希望自己的一言一行能得到大众的拥护。

斯大林就是这样一个人。他强调"自我尊严",不允许下属对他指手画脚,甚至连下属的正确意见也不能接受。在这种情况下,作为他的下属,直接地提出建议是愚蠢的行为,那样只会遭到拒绝,甚至适得其反。这时候,不正式提出建议,而采用在闲谈中阐释是最佳方式。

华西里也夫斯基采用的正是这种方式。他仅仅是与斯大林闲聊,很随意地从阐释自己的建议,当然,这已足够了。要知道,闲聊中斯大林通常不会心存戒备,而以相对开放的心态面对他人的建议,在不知不觉中接受这些建议,然后再消化、琢磨之后,当作自己的建议提出来。

戴尔·卡耐基曾说:"如果你仅仅提出建议,而让别人自己去得出结论,让他觉得这个想法是他自己的,这样不更聪明吗?"

的确如此。实践表明,人们对于自己得出的看法,往往比别人强加给他的看法更加坚信不疑。很多情况下,当你提出建议时,不是你的建议不对,对方不采纳,而是提建议的方式不合适。建议再好,方式不对,建议胎死腹中不说,还会遭遇对方的白眼。

作为一个聪明的下属,要想使自己的看法变成上司的想法,在许多时候应仅仅做好引导工作,提出建议、提供资料,其中所蕴藏着的结论,最好留给上司自己去定夺。

事实上,这种提建议的方法不仅适合于下级对上级上司,也适合于其他情况,比如上级对下级。

下面，我们来看看约翰是如何运用这种方式，成功应对不容易接受建议的下属的。

约翰是某电子产品制造公司的一位经理，他认为，让一个人改变他的工作方法或者工作程序的最好方法，是让这个人认为这一切都是他自己想出来的。

杰克是约翰的下属，负责生产监督。

一天，约翰对杰克说：

“杰克，我认为如果我们把3号切割机搬到那边去，然后再加两个电动卷绕站的话，我们的生产速度还能提高。我想听听你是怎么考虑的。”

一天后，杰克来到约翰的办公室，说：

“经理，这个周末，我有了一个最好的主意，如果我们把3号切割机搬到这里，然后再加两个电动卷绕站，我们在组装线上就能少走不少冤枉路，这样我们的生产效率能提高百分之五到百分之十。我们不妨试试看？”

很明显，杰克提出的建议正是约翰原本的主张。

也许有人为认为，上司没有必要对下属绕弯子，毕竟，遵从上司的命令是下属的职责。

不过，别忘了，提出建议的方式不同，实施的效果也大不不同。作为上司，面对下属，让下属主动提出建议比告诉下属去做什么好得多。因为，一旦下属认为那全都是他自己的建议，他会觉得自己的工作更重要、更有意义，管理效率自然会随之提高。

采用这种方法，有一个要求：时间和耐性。

你的工作是播种，种子是你的建议，对方的工作是收割。要慢慢地去做，切勿急躁，让对方花费一定的时间去理解和消化你的思想，让它一点一点变成他自己的思想。唯有如此，你的建议才有生根发芽的机会。

———人—际—关—系—的—心—理—学———

如果你想让一个唯我独尊的人接受一个建议，不要直接提出你的建议，仅从正面阐发自己的观点，让对方去做结论。这样，对方往往会在不知不觉中接受你的观点，并亲自主张你的建议。

———为—人—处—世—的—潜—规—则———

4

批评对方时，别忘了保全他的面子

如果有人告诉你，某个公司会为了一个犯错误的员工专门成立一家公司，你或许会不相信，不用怀疑，这的确是事实。这个公司就是美国通用电气公司。那个犯错误的员工就是查尔斯·史坦恩梅兹。

史坦恩梅兹在电器方面是个天才。在他担任通用公司电器部门的经理时，将企业治理得井井有条，公司的销售额连年上升。不久，他被升任为通用公司计算机部门的经理。然而，他失败了。

于是，通用高层领导决定成立一个新的部门——通用电器公司顾问部，史坦恩兹担任“顾问总工程师”，并且兼任部门经理。

对于这一调动，敏感而又极其自尊的史坦恩梅兹十分高兴，愉快地接受了调动。

通用为什么要成立一个新的部门？为的是顾全史坦恩梅兹的面子。

有人曾说：“表扬一个人，最好用公文；批评一个人，尽量用电话。”原因在哪？在于自尊心，在于面子。

以发布公文的方式表扬一个人，是给人撑面子，谁都知道他的成绩，满足了他的自尊心，他自会感觉脸上有光。

以打私人电话的方式批评一个人，是给人留面子。谁都不知道他的败绩，维护了他的自尊心，他就不会感觉脸上无光。

俗话说：人活一张脸，树活一张皮。面子就是尊严，是人们一种表面上的荣耀感，一种自尊心的满足。人人都是有自尊心和爱面子的。中国人不常说某某“死要面子”吗？“死要面子”就是说宁愿去死，也要面子。

项羽为了面子而死，孔子的高足子路为了不丢面子，不惜护缨而死；更有甚者，即便是死了，也要争回面子。

《东周列国志》中“二桃杀三士”的故事，就是齐之相国晏婴利用“面子”导演的：犒赏三位勇士却只有两个桃子，齐将壮士田开疆自认功大，“反不能食桃，受辱于两国君臣之间，为万代耻笑，何面目立于朝廷之上耶民？言讫，挥剑自刎而死。”其余两位见状亦先后自杀而亡。

“给面子”事小，“失面子”事大。无论是遇到什么事情，都要学会给别人留点面子。

尤其是在做一件可能伤人面子的事。比如批评某个人。

从某个角度来说，批评的目的在于使被批评者觉悟，既而纠正自己的行为。批评人不能把人看死、不能把话说偏，以留有余地，给人自省的机会。

一个领导找下属谈话：

“今天我们就这个问题作一些探讨。”

“我觉得在这一点上你的做法似乎有些不妥。”

“对于这件事情，是不是有更好的办法可想？”

诸如此类的谈话，强调需要改进的是某一局部环节，而不是全部。口气中带有商量、劝慰的味道。这样的批评容易使人接受，从而起到促使其正视问题、改正错误的作用。

但如果这样说：

“我看你这辈子是不会好了！”

“你看你做的是些什么事啊！”

“你也就这么点能耐！”

这类谈话，说者可能出于无奈，恨铁不成钢。但对听者来说，无疑是一种宣判，是很难让人从心底里接受的，自然也达不到批评的作用。甚至可能起反作用，打击自信，让一个追求上进的人一蹶不振。

作为管理者、师长、配偶，在生活与工作中免不了要批评人。但怎样批评、什么时候批评、批评时的语气怎样，都应有讲究：

把“刺激的字眼”改为“委婉的词语”；

把“命令式的口吻”改为“建议式的语气”；

把“严厉的责问”改为“恳切的指正”；

把“全盘否定”改为“部分否定”。

其实，要做到这些并不难，只要肯多多留意，在某些细节上下功夫，就能达到非同寻常的良好效果。

比如，一位管理者，把“敞着门，大声地骂”改为“关上门，小声地训”。

想想，如果你是那个职员，处在前者的情况，是不是就算上司当着大家只是“小骂”，你心里也会大不痛快，你非背后咒他几句不可。

相反，如果是后者，你就算挨了大骂，可能还会心存感激，心想“老板真不错，他顾念我的面子，特别把我叫进来，还关上门、放小声，可见老板是爱护我的。”

——人—际—关—系—的—心—理—学——

人人都是有自尊心和爱面子的。面子是人们一种表面上的荣耀感，一种自尊心的满足。批评人尤其需要保全被批评者的面子，不能把人看死、把话说偏，以留有余地，给人自省的机会。

——为—人—处—世—的—潜—规—则——

5

想让对方认识错误并克服缺点,不妨先肯定对方的优点

一位太太想要雇佣一名女佣,于是打电话给那名女佣的前任雇主,询问了许多关于她的情况。得到的评价是贬斥多于褒奖。

女佣到任的那天早上,这位太太对她说:“我给你的前任雇主打过电话,她说你老实可靠,而且饭也做得相当好,唯一的不足就是理家比较外行,总把屋子弄得脏兮兮的。我觉得她的话也不是完全可信。我相信你可以把家里整理得干净整齐,井井有条。”

佣人听了很愉快,也很感动。此后,她工作非常卖力,把家里也打扫得十分干净。

这位太太很聪明,她满足了佣人的称许心理,回避了佣人的“逆反心理”。这样,既让佣人发挥了自身的优点,又克服了自身的缺点。

通常而言,一个人一旦受到正面批评,就会产生一种与自己的想法完全不一样的心理,而且会使自己的态度逐渐地转向不接受对方的批评,这就是所谓的潜在倾向,也就是一般人所说的逆反心理。

以第二次世界大战时,作出在日本投下原子弹决定的那些人的心理变化为例。

战后,这些人一直被报纸杂志所争相报道,尤其是他们的心理状态更是大

家最感兴趣的,因为他们使用的是具有毁灭性的杀人武器。人们想知道,在投下原子弹之后,是否会造成精神上的苦恼和疾病?而之后又是如何度过他们的余生呢?

事实上,当初这些人在作出投弹决定时,也曾有所犹豫,但也仅是一瞬间而已。然而,令人意外的是,参与这次作战的许多士兵,随着时间的消逝,已完全忘记了当初的自责和痛苦,转变成支持战争。

为什么会这样呢?

究其原因,其中最具说服力的答案就是,在二次世界大战后,对他们投弹的批评非常多,在群众不断地谴责声浪之下,他们只想拿出一套为自己行为辩解的正当理由,久而久之,在他们的脑海里,作战就变成了一种正常的行为。

可以说,这个世界上,没有谁会喜欢批评,尤其是一个人被赤裸裸地直接捅到痛处或弱点时,一定会产生一种失去理智的强烈反感。因此,面对他人的缺点与错误,如果你希望对方能有所认识、有所改正,你所应该做的不是指责他的缺点,而是赞美对方的优点,提出你的期待。也就是说,你应该满足他的"称许心理",而不是引发他的"逆反心理"。

人人都有一种显示自我价值的需要。真诚的赞扬不仅能激发人们积极的心理情绪,得到心理上的满足,还能使被赞扬者产生一种表现更好的冲动。

相反,正面的批评往往带来反感,其效果总是负面的。

如果你对孩子、配偶或下属说,他(她)在哪方面很差劲,他(她)做的一点都不对。那么,你就别指望他去改正这些缺点。因为你激起了他(她)的反感,扼杀了他(她)克服这些缺点的愿望。

反之,如果你能慷慨地夸奖,肯定对方的能力,并提出更高的要求,效果则大不一样。对方一定愿意尽力而为,继续发挥自己的优点,尽量克服自己的缺点。

人际关系的心理学

"逆反心理":人们通常有这样一种潜在倾向,一旦受到正面批评,就会产生一种与自己的想法完全不一样的心理,而且会使自己的态度逐渐地转向不接受对方的批评。面对他人的缺点与错误,应该做的不是指责他的缺点,而是赞美他的优点,提出你的期待。

为人处世的潜规则

6

指责伤害了对方的自尊,也让自己成为不受欢迎的人

麦哈尼是一名商人,专门经销石油业所使用的特殊工具。

一次,他接受了长岛一位重要客户佐佐木的一批订单。蓝图得到了佐佐木的批准后,他开始制造工具了。可没过多久,佐佐木打电话告知他,不接受已经开始制造的那一批器材。

原来,佐佐木和朋友们谈起这件事,他的朋友说他被骗了,还说设计尺寸有问题,不是太宽了,就是太短了,总之,他们认为,一切都错了。

麦哈尼感到很奇怪,他曾仔细地查验过了,他相信自己这边没有错。

不过他明白,如果向客户申明"我这绝对没有错"便意味着指责客户"错误在你自己",这样,只会让气头上的客户失去理智。因此,他没有作任何辩解,只是告诉佐佐木,他马上去办公室见他。

麦哈尼刚跨进办公室,佐佐木就跳了起来,朝他一个箭步走过来,一面说一面挥舞着拳头,指责他和他的器材,表情很是激动。

看着佐佐木在眼前挥舞拳头,听着佐佐木侮辱自己是外行,麦哈尼真真想反驳他,和他争论,但最终还是忍住了。

发泄了半天，佐佐木似乎感觉舒服了很多，“好吧，你现在要怎么办？”他问。

“我愿意照你的任何意思去办。你是花钱买东西的人，你当然应该得到合你意的东西。可是总得有人负责才行。如果你认为自己是对的，请给我一幅制造蓝图，虽然旧方案已经花了两千块钱，但我们愿意负担这笔损失。为了使你满意，我们宁可牺牲两千块钱。

“但是，我得先提醒你，如果我们照你坚持的做法，你必须负起这个责任。但如果你放手让我们照原定计划进行——我相信原计划才是对的——那我们可向你保证绝对负责。”麦哈尼心平气和地答道。

“好吧，照计划进行，但若是错了，上天保佑你吧。”佐佐木这时已完全平静下来了。

结果没有错，于是佐佐木告诉麦哈尼，他还需要两批相似的货。

不用说，麦哈尼的做法是正确的。试想，如果他指责佐佐木，说他错了，两人肯定会争辩起来，如果双方感情破裂，纠纷无法解决，还可能诉诸法庭。即便麦哈尼胜诉，也会有所损失，至少会损失一位重要的客户。

你是否想过，在理发店刮脸前，理发师傅为什么要先在客人脸上涂上肥皂沫？

是为了让客人舒服，避免伤着客人，对不对？

与人交往，避免指责，也是出于同样的考虑。因为，如果率直地指出某人的不对，只会伤害别人的自尊，不仅得不到预期的效果，还会造成巨大的损失，让自己成为不受欢迎的人。

相反，面对那些犯了错却把责任推到你头上的人，那些你完全有理由责备的人，你如能避免指责，最终，你会赢得他们的认可，受到他们的欢迎。

然而，在日常生活中，指责似乎随处可见，上司对下属、父母对子女、客户对经销商，反过来，下属对上司、子女对父母、经销商对客户，也不少见。

每个人指责别人似乎理由都很充分。当然，多半是因为不满、愤怒，或者对方很愚蠢，达不到自己的要求；或者对方很懦弱，让人恨铁不成钢；或者对方很蛮横，一点都不讲理。

人们为什么总是喜欢指责别人呢？

也许有人会说，指责能解气，能发泄心中的愤怒，让自己的心里舒服，减少患癌症、患抑郁症的几率。不过，再仔细想想，除了解气，指责还给指责者带来了什么好处？

几乎没有，甚至连解气这点好处也没有。为什么？

因为不论是出于何种理由而发出的指责，都会带来很多意想不到的负面效果：对抗、怨恨、攻击。

回应过来的对抗、怨恨、攻击能让人真正解气吗？当然不能，只怕让人更加生气，甚而带来一系列的恶果。

可能，上司失去下属的忠诚，下属失去发展的机会，父母失去儿女的尊敬、儿女失去父母的疼爱，客户失去经销商的耐心，经销商失去客户的信任。

相反，如果一个人能够拒绝指责，时时处处对他人表示尊重，即使对方错了，即使对方伤害了你，即使对方辜负了你的希望，你也能宽怀大度，以一种谅解的态度去应对，对方回馈你的绝不是一些负面的情绪或更糟糕的状况，而是可喜的变化。

人际关系的心理学

与人交往，尽量避免指责他人。指责对方的不是，只会伤害对方的自尊，不仅得不到预期的效果，还会造成巨大的损失，让自己成为不受欢迎的人。相反，如果对方犯错，你完全有理由责备，却未予以责备，最终，你会赢得对方的认可，受到对方的欢迎。

为人处世的潜规则

7

向对方提出忠告时，多“私下”少“当众”

一个忠告，采用不同的提出方式，当着众人的面提出与私底下提出，效果往往大相径庭。

春秋战国时期，管仲身为齐相，在齐桓公的手下数十年。齐桓公非常信任他，几乎将所有的处置权都交给了他，管仲由此得以顺利地进行了一系列的经济、政治改革。

管仲何以能赢得齐桓公如此信任呢？这与他善于进谏有很大关系。

为了实现“九合诸侯，一匡天下”的梦想，有一天，齐桓公突然提出封禅泰山的想法，希望以此彰显其功绩。

当齐桓公提出此事时，管仲并无一言。

下朝后，一位同僚问管仲为什么不发一言，阻止齐桓公的决定？

管仲说，齐桓公好胜，要以私下阻止，不能正面谏阻。

当天，管仲夜访齐桓公，成功地阻止了封禅决定。

管仲的聪明之处也在于此：进谏由“当众”换为“私下”。没有别人在场，不伤齐桓公的面子，所以齐桓公容易接受。

应该说，作为下属，你不是不能发表与上司相反的意见，只是发表之前，你要先想一想上司的性格与度量。然后，再决定“说”，还是“不说”，或者“如何说”。

美国的罗宾森教授曾说过这样一段很有启示的话：“人有时会很自然地改变自己的看法，但是如果有人当众说他错了，他会恼火，更加固执己见，甚至会全心全意地去维护自己的看法。这不是那种看法本身多么珍贵，而是他的自尊心受到了威胁。”

这说明，在向上司提出忠告时，一定要多“私下”，少“当众”，要多利用非正式场合，少使用正式场合，避免对上司公开提意见。

这样做，既有利于维护上司的个人尊严。同时，也能给自己留有回旋余地，即使提出意见出现失误，也不会有损自己在公众心目中的形象。否则，很可能让上司难堪，自己也陷入了被动。

张兵是一所重点中学的数学骨干教师。由于学校所在的城市，要对学校的现有用地进行重新规划，此外，学校还要对每年上缴的税款进行重新评估，校长召集全体教职员工讨论如何削减经费的问题。

校长把准备的资料向与会人员作了较为详尽的展示，在做出结论后，她将所有的资料都放到了公文包内，并且习惯性地问道：“你们还有什么意见？”

这时，张兵举手发言。他指出，校长向大家展示的数字中，有一些地方不合逻辑并且能够看出明显的错误。不仅如此，他还指出校长最后所做的结论似乎难以找到令人信服的根据。

这些言论都是针对校长个人而言的。校长是一位数学特级教师，也是数学方面的专家。

事后，校长并没有对他谈及任何有关他职务的事。然而，在接下来的一个学期，张兵没有再当实验班的老师，取而代之的是普通班。

一年之后，张兵被调到一个离他家很远的学校任教。

可见，在公共场合让别人没有面子，是非常糟糕和严重的一件事。

在公共场合，即使有理，占据着有利的一方，我们也不应当毫无顾忌地指责他人，应当为别人留条后路，留住他们的面子。这样你所得到的远比你指责他人的要多。

此外，你要提出忠告，也尽量不要直接否定他人的意见。

如果你想建议对方放弃他原先的做法，采用你的做法，不妨说：“我觉得有几种做法，不知道哪个比较好，请您看看。”

结果，对方挑选了你提出的方案。但他并不会难为情，因为感觉上是他的决定，体现的是他的智慧。这样，对方还会拒绝你的忠告吗？当然不会，他只会对你报有更多的好感，更乐于接受你的忠告。

——人—际—关—系—的—心—理—学——

每个人都有面子观念，上司尤其如此。在向上司提出忠告时，一定要多“私下”，少“当众”，要多利用非正式场合，少使用正式场合，避免对上司公开提意见。

——为—人—处—世—的—潜—规—则——

8

下达命令时，用“请”来谋求身份的逆转

如果你身居一官半职，面对下属，一定要注意“职务用语”的使用，要尽可能多地使用“请”之类的敬语。

某学校正在申办示范学校，为迎接上级的检查做准备，各个教研室都在忙碌着。学校规定，上级来检查之前完不成任务的、检查过程中出现纰漏的，一律扣发当月奖金和年终奖金。因为时间紧、事情多、责任重，教研室都把工作落实到户。

检查前的两三天，召开教研组长紧急会议，教研主任要求各个教研组准备更多成果展示材料，期限由五年改为十年。这下，组长们可急坏了。再增加五年！又有多少资料需要核对、复印，时间不过两天！这意味着教研室的每个人都得加班。

教研组长甲和教研组长乙一同走出会议室，甲说：“这可怎么办？我只能回去再吓唬吓唬他们了。”

乙心想，准备了这么久，大家又疲又累，都不容易，还是回去和大家商量商量吧。

甲回到教研组，召开组会，说：“学校有新的决定，大家听好了……”

乙回到教研组，也召开组会，说：“我现在有一件很紧急的事，得请你们

帮忙……”

结果，甲领导下的组员投入了新的准备工作中，不过，大家满腹牢骚，马马虎虎，只求应付了事。

乙领导下的组员却不相同，他们相互鼓励、相互帮助，每个人都积极动手、动脑，结果圆满完成任务。

学校顺利地通过了检查，事后，对此次工作做了总结。

甲领导下的教研组因为资料准备得不够全，差点被扣奖金，在总结大会上，组长甲被教研主任不点名地批评了几句。

乙领导下的教研组，因表现突出，受到了领导的表扬，被评为先进教研组，得了不少奖金，教研组组长还被评为了先进个人。

组长甲和组长乙，差别在哪？差别就在于他们各自使用不同的“职务用语。”在下达补充成果展示材料的命令时，乙态度诚恳，采取的是“商量”，表达的是“请求”；甲态度强硬，采取的是“吓唬”，宣布的是“决定”。

千万别小看“请求”之意。一个“请”字，它所蕴含的内容、所传达的意思可不简单。

在组织内部，不论是上级还是下级，都能感觉到无形中地位的差别。虽然我们总说人人平等，但彼此职务不同、权力不同、收入不同，地位能一样吗？当然不一样。通常情况下，上级作出决定，下级执行决定；上级说一，下级不能说二。因为如此，那些处于低级职位的公司职员常常会有一种相对其上级的“劣等意识”。

对于一个组织而言，劣等意识的影响是负面的，它严重地阻碍了成员们主动性、积极性的发挥。

因为有“劣等意识”，作为下级，可能会上面说什么，就干什么，争取不少干也不多干，能不干就不干，为什么？因为干得少，犯错的机会也少。结果，事情总是不好不坏，效率总是不高不低。

作为领导者，要想改变这种状况，就必须想办法消除下级的“劣等意识”。如何消除？那就是让你的下属感到地位的逆转，由“下位”到“平等”，甚至由“下位”到“上位”。如何逆转？一个非常简单有效的办法：善用“职务用语”。

应该说，在工作单位导致人际关系恶化的诸多因素中，“职务用语”算得上重要的一个。

一位上级将部下叫到自己的办公室，高声叫道：

“这是上面的意思，你必须照着办！”

“你真是愚蠢，都告诉几遍了，就照我说的去做！”

“没有别的选择，这是决定。”

这些典型的上级“职务用语”，很容易招致职员们的强烈反抗。但是，如果能够逆向利用这些所谓的“职务用语”，往往可以使公司内的人际关系变得融洽起来。

如果上级在下达命令、称呼处于下位的职员时，多说“请”之类的敬语。比如，上级需要交代下级完成某一项工作时，可以特意走到下级的办公桌前，说一声“请你到我办公室来一趟。”等下级进了办公室，再说：“我有一件事情需要请你来处理”。这样就能将“上位”立场转化为“同等”，甚至让处于下位的下级感觉“身份逆转”，产生优越感。

同时，处于下位的下级还会对处于上位的上级产生尊敬与信赖，焕发热情，积极地去投入他所做的工作中去。即使是面对那些如果直接下达就可能产生抵抗的命令，下级也会以一种积极的心态去面对。

——人—际—关—系—的—心—理—学——

处于低级职位的公司职员常常会有一种相对其上级的“劣等意识”。作为领导者，应该善用“职务用语”，多多用“请”字，让下属感到地位的逆转，彻底消除“劣等意识”。

——为—人—处—世—的—潜—规—则——

第八章

低调做人，进退自如

一个人不管取得了多大的成功，不管名有多显、位有多高、钱有多丰，面对纷繁复杂的社会，也应该保持做人的低调。低调做人不仅是一种境界、一种风范，更是一种思想、一种哲学。学会低调做人，才能让别人看得惯，心不妒，才能给自己一个良好的发展环境。

1

率先小小地退一步，方可大大地进一步

法国的一位小说家有一个贤惠而温柔的妻子，她每天在家，除了操持家务，就是负责打印丈夫准备在晚报上发表的短篇小说。

小说家每天回家的第一件事，就是拥抱一下妻子，亲亲她的前额，说句："亲爱的，我希望我不在家的时候，你没有过于烦闷，是吗？……"

妻子则回答："是的，家里有这么多的事情要做，但看到你回来，我还是很高兴的……"

这平凡而温馨的家庭对话，一成不变，差不多持续了二十多年。

有一天，一个女人闯进了他们平静的生活。这个女人刚刚离了婚，个性奔放，她吸引了小说家，并要求与他结婚。

要结婚必须先离婚。小说家心想，结婚已经整整二十八年了，妻子大概已经不爱自己了，分开可能不会太痛苦。但是怎么与妻子说呢？

深思熟虑之后，小说家编了一个故事，用自己与妻子的现实处境隐喻两个虚构的历史人物。为了让妻子有所领悟，小说家刻意引用了他们夫妻之间生活中的一些特有细节。在故事的结尾，他让那对夫妻离了婚，并说明，妻子对丈夫已经没有了爱情，于是，一滴眼泪都没流地走了，以后隐居南方的森林小镇，有足够的收入，活得悠闲自在。

当小说家把手稿交给妻子打印时，心里很是不安。

晚上回到家，小说家在心里揣测妻子如何回应他。

几十年如一日的问候照常进行，妻子的态度没有任何变化，这让小说家很纳闷："难道她没有看明白小说的隐喻，或者她把看稿的事安排在了明天?"

小说家忍不住询问妻子，原来小说已看过，并且已打印好，寄往报社编辑部了。

为什么妻子一声不吭呢？小说家很不解。

后来，那篇小说在报纸上发表了，小说家也就找到了答案。

原来，妻子把故事的结局改了："夫妻俩离了婚。可是，虽然结婚二十八年，妻子依然爱着丈夫，在前往南方森林的小屋途中，妻子抑郁苦闷而死。"

小说家看了大吃一惊，他非常后悔自己所做的这一切，于是立刻与外面的女人断绝了来往。

小说家的妻子真是一位智慧的妻子。她非常懂得人心，懂得在必要时牺牲一点点去赢得全局的胜利。

孙子兵法说："将欲取之，必先予之。"

在很多时候，要想"进"，得先学会"退"；要想"得"，得先学会"给"。暂时的小小的让步，往往可以换来长远的大大的进步。

试想，如果小说家的妻子苦苦相逼，势必惹恼小说家，让他们的婚姻走向尽头。反之，自己先委屈一下，对丈夫的观点与想法，默不作声，给丈夫足够的时间与空间，反而让他深刻反思、心生愧疚，从而迷途知返。

显然，"进"是目的，"退"是手段。

谁都希望自身利益最大化，但是，如果彼此始终都不肯作些许让步，那么，双方只会陷入对立，使态势更加恶化。

从心理的角度来分析，人们之所以不愿让步，是因为自尊心在作怪。人人都有自尊心，都竭力地保全自己的自尊。在一般人眼里，让步意味着放弃自尊或自尊受损，换个说法，对方主动放弃一点自尊，就意味着自个自尊的保全与虚荣心的满足。因此，那些主动让步的人总是很受欢迎的，因为他委屈自个，迁就他人，保全了他人的自尊心，满足了他人的虚荣心。

鉴于人们的这一心理，如果你想让对手作出让步，你也必须向对手作出一些让步，满足他的要求。

比如故意准备好一些无伤大局的枝节，让对方提出反对意见来，然后无条件地同意。无条件地同意对方的意见,意味着我们先让了一步,只要有了这一步,在接下来的关　地方,我们就无须再让步了。

芝加哥的一名广告商人深谙其道。

一次,他画了一幅有猫的广告,想到要来鉴定这幅画的是一个脾气古怪,爱好挑剔的管理员,他故意在一头猫的项颈上画了一个可笑的红圈。

管理人员一见到这幅画,就咆哮道:“把那红圈儿去掉!”

这位广告商一声不响,马上按照他的要求做了。

于是,红圈儿去掉了,古怪的管理员也不再挑剔什么了。对他来讲,这可是生平第一次这么快地认可了一幅画,而没有提出其他什么苛刻的修改要求。

在小的地方做点让步,在大的方面轻松获胜,何乐而不为?

——人—际—关—系—的—心—理—学——

在很多时候,暂时小小的让步,往往可以换来长远的大大的进步。从心理的角度来分析,人们不愿让步,是因为自尊心在作怪。一般人认为,让步意味着放弃自尊或自尊受损,换个说法,对方主动让步,就意味着自己的自尊与虚荣心得到满足。因此,那些主动让步的人总是很受欢迎。

——为—人—处—世—的—潜—规—则——

2

首先承认对方的说法，最终却让对方改变做法

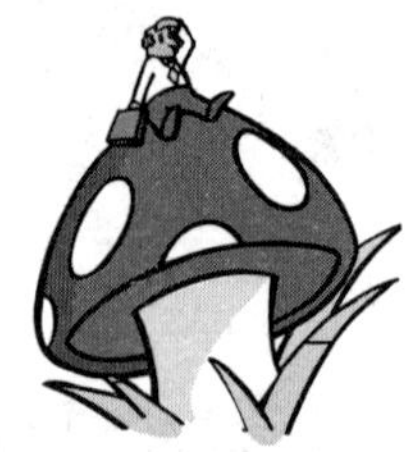

让对方赞同自己，不妨先同意对方的说法。

意大利艺术家米开朗琪罗被公认为最伟大的作品，应该是他的大理石雕刻——大卫像。

有很多人不知道，当米开朗琪罗刚雕好大卫像的时候，主管这件事的官员跑去看，竟然不满意。

“有什么地方不对吗？”米开朗琪罗问。

“鼻子太大了！”那位官员说。

“是吗？”米开朗琪罗站在雕像前看了看，大叫一声：“可不是吗？鼻子是大了一点，我马上改。”说着就拿起工具爬上架子，叮叮当当地修改起来。

随着米开朗琪罗的凿刀，掉下好多大理石粉，那官员不得不躲开。

隔一会儿，米开朗琪罗修好了，爬下架子，请那位官员再去检查：“您看，现在可以了吧？”

官员看了看，高兴地说：“是啊！好极了！这样才对啊！”

送走了官员，米开朗琪罗先去洗手，为什么？

因为他刚才偷偷抓了一小块大理石和一把石粉，到上面做做样子。

想想，结果到底是那个官员说服了米开朗琪罗，还是米开朗琪罗说服了那

个官员？

从实质来看，是米开朗琪罗说服了那个官员。

不费多大劲，就让一个自以为是的官员接受了自己的作品，米开朗琪罗运用的是什么妙计？

他所运用的是心理战术——“采纳原则”。

“采纳原则”是指，要让对方同意你的见解，首先必须同意对方，然后才能去说服他，使他赞成你的主张。

米开朗琪罗表面上接受了官员的说法，假装对雕塑做了修改，官员自认为自己的看法被采纳了，心里欢喜，于是，对米开朗琪罗的作品，他也表示出了接纳的态度。

在很多时候，要想让对方退一步，我们得先让一步。也就是说，要对方接受我们的说法，我们得先承认对方的说法。

美国心理学家艾克曼曾做过一个实验，证实了这一观点。该实验以一些学生为对象，内容是改变学生们的关于死刑制度的意见。

这些学生最初全都反对死刑制度，为了改变学生的这一观点，一开始，艾克曼并不试图说服学生，他不阐释自己的观点，也不对学生的观点表示反对，相反，对于学生的意见，他始终先以“好的”两字来回答。最终，学生改变了他们最初的观点。

这种“采纳”的方法，也叫“非指示的方法”，在患者与心理医生的面谈治疗过程中经常被采用。所谓“采纳”，就是即便对方的主张、言词、态度、感情、信念等是属于非理性、非道德的，也要先接受这些概念，这样对方就会感到自己受到了尊敬，产生安全感。在这种情况下，彼此的关系融洽了，对方才会轻松地接受你的主张。

在日常生活中，这种方法也颇多用处。

遇到盲目自信的上司或同事，你正在做某个项目，明明他们对此并不在行，却在旁边指手画脚。

这时候，你不妨先静静地听听，即使他们的想法不对，也不要立刻予以反驳，相反，对于他们说得有点靠谱的话，你还应点点头，表示赞同。

然后，你再陈述自己的观点。到头来，他们通常不会反对你，哪怕实际上他们暂时还不能接受你的想法。

“接纳原则”也适用于家庭。

父母上了年纪，越来越固执，不容易接受意见。比如，在炒菜之前，总喜欢把那些较苦较硬的蔬菜用开水过一遍，致使蔬菜中的维生素大量流失。讲大道理，父母不听。在这种情况下，你不妨先改变自己。

吃菜时，听父母解释，你口里应着“这样行，不苦了、不硬了……”然后，再找机会，告诉父母“某营养师说，蔬菜不论是炒还是煮，时间都不宜太长，维生素流失太多，没营养了。”

你会发现，父母用开水过滤蔬菜的次数越来越少了。

推销员遇到自以为是的顾客，这一招也能奏效。

总有一些顾客自我感觉特别好，认为自己所说的全都对，听不进半点否定意见。对于这类顾客，开口否定他的观点只会降低成交率，只管听他说，偶尔点点头，说一些诸如“如同你所说的……”“你说的有理”或“的确如此……”之类的话。

结果，有点出乎意料，却并不奇怪，顾客最终采纳了你的建议，买了你推荐的产品。

——人—际—关—系—的—心—理—学——

“采纳原则”，即要让对方同意你的见解，首先必须同意对方，然后才能去说服对方。所谓“采纳”，就是即便对方的主张、言词、态度、感情、信念等是属于非理性、非道德的，也要先接受这些概念，这样对方就会感到自己受到了尊敬，产生安全感，由此轻松地接受你的主张。

——为—人—处—世—的—潜—规—则——

3

假装没有主见，避免过早地卷入升迁之争

萨达特是1952年埃及“七·二三”革命的组织者和发起者之一。革命成功后，他不图大权，恬淡自若。

对于大权在握的纳赛尔的话，他总是唯唯诺诺。纳赛尔为此称萨达特为“是是上校”，甚至不满意地讲：“只要萨达特不老说‘是’，而用别的话来表示他的赞成意见时，我就会觉得舒服些。”

在日常工作中，萨达特不露声色，表现得平平常常。对于内政问题和外交大事，他从不拿出主见，偶尔自己的公开态度稍有出格，他就会立刻纠正，与纳赛尔的信徒保持一致。

1967年第三次中东战争后，纳赛尔考虑隐退，将扎克里亚、毛希西提名为继任者。但三年之后，经再三权衡，考虑到顺从及危险性小等理由，纳赛尔出人意料地选萨达特为继任者。

出于易于控制和为人温和的考虑，埃及军方也支持萨达特。

1979年9月纳赛尔去世，埃及开始了一场激烈的权力之争。争夺者们既有潜在势力，又都大权在握，他们互不相让。后来出于政治妥协，把平日不起眼的萨达特捧上了总统宝座。

但是，谁也没有想到，这位看来不起眼的萨达特，一旦继任总统，竟一反平

日之态，大刀阔斧，雷厉风行，迅速控制了政府权力。

古话说得好："好话不可说尽、力气不可用尽、才华不可露尽。"这也是在办公室政治获胜的"圣经"。

要知道，人们通常不会去妒忌一个表现柔弱的人，也不会去怨恨一个与世无争的人。一个人怨恨另一个人，往往是对方表现得比他优越。如果一个人自高自大、处处显露自己的才干和见识，人们就会嫉恨他，想方设法打击他。

也就是说，即便你内心有主见、有远见并且野心勃勃，但只要表面上能以低姿态示人，就能避开他人的耳目，不被列入打击对象。否则，很可能成为他人攻击的目标，过早地卷入升迁之争。

职场存在的一个普遍规律便是淘汰制，通过不断地淘汰来实现金字塔式的职位升迁。过早地表现自己，就意味着过早地进入这个程序，就意味着有可能过早地遭到淘汰。如果淘汰是人际关系失衡后一种权宜的矫正，或是一种不公平不光彩的人为私欲的暗箱操作和利益交换。过早地卷入，更是大大增加了成为无辜牺牲品的几率。

相反，如果你深藏不露，韬光养晦，甚至向对方示弱乞怜，这样，你便成功地避免了你撕我扯的嫉恨，反而能巧妙借助对方的力量，壮大自己的力量。

萨达特便是如此。从萨达特登上国王宝座后的一系列举措，我们可以看出，他并不是一个没有抱负、没有主张的平庸之辈。相反，他是一个有野心、有个性、雷厉风行的军人。

那么，为什么在纳赛尔面前，他总是唯唯诺诺的？

这并不难理解，他不想让自己过早地卷入政治斗争中。当时纳赛尔大权在握，萨达特的力量尚不足以与之抗衡。如果纳赛尔知道他觊觎总统宝座，肯定会对他充满敌意、倍加提防。

为此，他尽量使自己的言论与纳赛尔保持一致，让纳赛尔认为他是一个顺从的下属，不具有危险性。这样既消除了纳赛尔的戒备心，又为纳赛尔把他安排为继任者埋下了伏笔。

后来埃及军方之所以同意他继任总统，各大派系之所以把他捧上总统宝座，也都是为萨达特平日的表现所迷惑，认为他易于控制、为人温和。

试想，如果萨达特一开始就显露他的野心、宣扬他的主张、展现他的个性，结果会怎么样？

不用说，总统的宝座不可能属于他。自然，他也无法大展宏图，施展其远大抱负。

——人—际—关—系—的—心—理—学——

古话说得好："好话不可说尽、力气不可用尽、才华不可露尽。"如果一个人自高自大、处处显露自己的才干和见识，人们就会嫉恨他，想方设法打击他。因此，即便你内心有主见、有远见并且野心勃勃，在表面上也应以低姿态示人，避免成为他人攻击的目标。

——为—人—处—世—的—潜—规—则——

4

发怒并威胁对方多半没有效果，相反会暴露你的弱点

1809年1月，拿破仑的间谍证实外交大臣塔里兰密谋造反，于是，拿破仑从西班牙战事中抽出身来匆忙赶回巴黎。

一抵达巴黎，他就立刻召集所有大臣开会。在会议上，拿破仑坐立不安，含沙射影地点明塔里兰的密谋，但塔里兰没有丝毫反应。

这让拿破仑很是气恼，他突然逼近塔里兰说："有些大臣希望我死掉！"

但塔里兰依然不动声色，只是满脸疑惑地看着他。

拿破仑终于忍无可忍了，他对着塔里兰喊道："我赏赐你无数的财富，你竟然如此伤害我。你这个忘恩负义的东西，你什么都不是，只不过是穿着丝袜的一团狗屎。"说完他转身离去。

其他大臣面面相觑，他们从来没有见过拿破仑如此失态。

而塔里兰则依然是一副泰然自若的样子，他慢慢地站起来，转过身对其他大臣说："真遗憾，各位绅士，如此伟大的人物竟然这样没礼貌。"

随后，拿破仑失态和塔里兰的镇静自若这两种截然不同的表现像瘟疫一样在人们中间传播开来，塔里兰的目的达到了：激怒拿破仑，让他威风扫地，让他失去人民的支持。

从心理学的角度来讲，当一个人无法控制局势时，往往会通过发怒来宣泄自己的不满。

拿破仑便是如此，他原本是想通过发怒威吓对方，但结果如何呢？非但没有达到威吓的目的，反倒暴露了自己的弱点。

想想看，当发生冲突时，控制局势的最有效办法是什么？

不少人会认为，是威胁！只要发出威胁，就可使对方产生合作。例如，夫妻发生争吵时，妻子往往会以离婚相威胁，以迫使丈夫改变行为；当劳资双方发生冲突时，劳方往往警告资方，如果不满足他们的要求，他们将破坏公司的设备；国家之间发生冲突时，往往会进行军事演习，向对方发出战争威胁。

威胁真的是灵丹妙药吗？

我们先来看看下面这个游戏。

默顿·多伊奇和克劳斯研发出来一种阿克姆一波尔特汽车运输游戏，其中有两个玩家，双方都是“卡车司机”，一方是阿克姆公司，另一方是波尔特公司。

每个公司的卡车都有两条路可选，但其中一条路有一段公用路线。走较短的路线意味着盈利，走远路或绕道走则意味着亏损。两边同时以相同的速度开车，双方都可自主选择弯曲的路或走近路。走近路当然是一条捷径，可它涉及一段公用的单向车道，一次只能通过一辆卡车。如果双方同时选择这条路线，他们将形成撞车的局面，若双方互不相让，会极大地浪费时间，从而亏损无疑；若其中一方倒车或双方都倒车，同样会浪费时间，造成亏损。可见，最好的办法是，他们达成协议，轮流过单行道，从而赚取近乎相等的利润，实现双赢。

为刺激威胁，多伊奇和克劳斯在游戏设计中让每个玩家在各自单行道的入口端取得控制权。谈判时，双方均可以此为砝码威胁对方，若对方不答应自己的条件，便封锁自己的关卡。

结果证实：双方均不能威胁时获得最大利润；单边威胁时稍差；双方均能发出威胁时利润最少。

为什么？

因为如果双方中没有任何一方发出威胁，双方很容易展开交流，提出合理的建议，更快地达成协议。

如果一方发出威胁，会为交流制造障碍，但仍存在交流可能，也还有达成协议的余地。

而如果双方都发出威胁，交流则很难实现，那样几乎没有达成协议的可能。

拿破仑与大臣之间，就完全没有交流，自然解决不了问题。如果拿破仑能冷静一些,试图与对方交流而不是激烈地攻击和孩子气地发怒,他的威信可能就不会丧失,历史也可能重写。

在职场,难免会遇到令你忍不住想发火的事情、令你忍不住想要威胁他人的时刻,不过,你得记住:发怒不会带来好的结果,只会暴露自己的弱点,降低自己的威信,引发更多的疑虑与不安。因此,无论你的上司、同事或是下属,做了什么让你忍无可忍,你也要学会控制自己的情绪。

你可以采取下面的这些做法平息怒火:

思考:对方为什么这么做?

倾听,从对方身上了解自己的问题。

沟通:试着争取对方的理解与支持。

总而言之,你所不能做的就是——发怒并威胁。

——人—际—关—系—的—心—理—学——

从心理学的角度来讲,当一个人无法控制局势时,往往会通过发怒来宣泄自己的不满。然而,发怒不会带来好的结果,只会暴露自己的弱点,降低自己的威信,引发更多的疑虑与不安。

——为—人—处—世—的—潜—规—则——

5

表面上服从对方，暗地里引导对方，让对方最终屈服于你

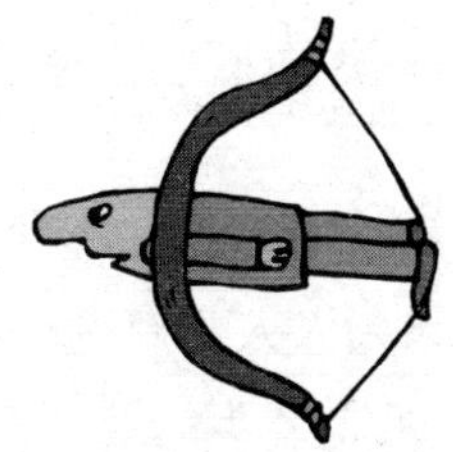

一对年轻夫妇，买了新房，经济很拮据。每次购买大件家具或电器，他们都得事先计划、安排。

年底了，盼着年终奖，妻子想到了电脑，因为她的工作离不开电脑，家里的电脑太旧，总死机，很影响工作效率。

丈夫想买套沙发，因为他是个球赛迷，不论是大型的足球赛还是篮球赛，他都从不放过。他希望能舒舒服服地躺在沙发上看比赛。

妻子知道丈夫心中的渴望。她也知道，如果自己提出用年终奖买电脑，丈夫也不会反对。不过，也许心里会很遗憾，毕竟他盼沙发已盼了很久。

有一天，丈夫领了年终奖，高高兴兴地回了家。

下面是两人的一段对话：

“老婆，发年终奖了，你想要什么，我给你买。”

“我好像不需要什么。你想买什么就买吧！”

“买套沙发，怎么样？”

“可以啊，这样你就不会直着腰看球赛了，那样太累。”

“还想买什么？”

“要是钱有多余，可以考虑考虑电脑。咱家的太旧，老死机。”

“钱,可能不够”,丈夫歪着脖子想了想,“要不,先买电脑吧。”

“那沙发呢?”

“算了,我忍忍就过去了。先买电脑,沙发,等有钱了再说。”

结果,丈夫高高兴兴地给妻子买了她早已看好的一款电脑。

看到这,你有何感悟?这是个聪明的妻子,不是吗?表面上放弃决定权,实际上掌握了决定权。

从表面上来看,做主的是丈夫,他先主张买沙发,妻子没反对。随后妻子提出如条件允许再换台电脑,表明决定权还在丈夫那。最后,丈夫决定买电脑,妻子也没有表示反对。似乎一直都是丈夫在做主,但实际上,丈夫最终的安排是以妻子的意愿为转移的。

妻子的聪明之处就在于她了解丈夫“喜欢做主”的心理,并且懂得如何迎合这种心理。不难发现,几乎每个人都有“做主”的欲望。因为人人都有自尊心,都渴望得到别人的认可与尊重。或许,很多时候,人们并不是要真的要决定什么,他们只是想通过“做主”来满足自己的自尊心。也即是说,“做主”只是一种形式,自尊心能否得到满足才是关键。只要对方的自尊得到了满足,决定究竟是怎么样的反倒没有那么重要了。

这也是为什么,我们常能看到,一个获得尊重的人,即使对反面意见也很少提出异议;某些婚前大男人主义严重的男人,婚后却来个180度大转变,成为太太至上。

记得林肯说过一句话:当一个人心中充满怨恨时,你不可能说服他依照你的想法行事,那些喜欢骂人的父亲、爱挑剔的老板、喋喋不休的妻子……都该了解这个道理。你不能强迫别人同意你的意见,但却可以用引导的方式,温和而友善地使他屈服。

的确,表面上服从对方、让对方做主就是温和而友善的方式,它既省心又省力。对那些所扮演角色处于相对劣势的一方来说,尤其如此。

比如,家中的一贯妥协者、父母眼中还未长大的成年人、公司经理的副手、团队的得力干将。你的位置表明,决定权通常不在你的手上,而掌握决定权的人,却又非常希望得到你的认可与尊重。

为此,遇到什么事要作决定时,你完全没有必要为掌握不了决定权而黯然神伤,你要做的只是:提出意见,请对方做最后裁断。

你可以告诉做决定的人："我认为这件事若能……的话，想必更好，不过，还是由你来决定好了。"

对方被你捧得高高的，自尊心得到了满足，他自认为决定权全掌握在自己的手中，自然忽略了谁是真正的主导者。结果，你轻松地达到了目的。

以表面上的让步，换取了实质上的进步。何乐而不为呢？

人际关系的心理学

几乎每个人都有"好做主"的心理。很多时候，人们并不是要真的要决定什么，他们只是想通过"做主"来满足自己的自尊心。也即是说，"做主"只是一种形式，自尊心能否得到满足才是关键。只要对方的自尊得到了满足，决定究竟是怎么样的反倒没有那么重要了。

为人处世的潜规则

6

关系陷入僵局即将破裂时，让双方有一段冷静思考的时间

一对夫妻结婚近二十年，感情一直很好。

一次偶然的机会，丈夫外出开会，与一位女同行一见如故，产生了感情。会后，两人都没有回各自的家，而是结伴到一个风景区去玩了两天。

回到家中，出于歉疚，丈夫向妻子交代了这件事。知道这件事之后，妻子的反应很强烈，整个人几乎要崩溃了。妻子是个完美主义者，一直以为自己的婚姻是最完美的，以为自己的丈夫是最值得信赖的。怎么也没有想到才几天功夫，丈夫就对另一个女人动了心。所谓“宁为玉碎不为瓦全”，妻子毫不犹豫地向丈夫提出了离婚请求。

双方的长辈知道了这件事，都出面劝阻，但妻子无法回心转意。

无奈之下，男方的母亲想了一个办法，叫夫妻俩别急着办理离婚手续，先分开一段时间，三个月后再决定是否离婚。

于是，两人暂时分居。

结果，三个月不到，在丈夫的百般努力之下，妻子原谅了丈夫，两人重归于好。

这种现象揭示了心理学上的“睡眠效应”。

“睡眠效应”是指,当事情在发展过程中遇到难题时,不要采取强迫手段,给出一段冷却时间,之后再去解决,问题就会迎刃而解。

给出一段冷却的时间,之所以能收到良好的效果,是因为时间避免了人们的冲动,增加了信息的可信度,保证了判断的冷静。

劝说有离婚冲动的夫妻不离婚,先分开生活一段时间,是给彼此的冲突一个缓冲。双方远离婚姻生活,体验没有“另一半”的生活,这一过程,实际上是拉长了从“合”到“离”的过程,也是冷静反思婚姻的过程。在这段时间内,夫妻双方可能主动检讨自己的错误,回味对方的长处,感受到对对方的需要,这些都有助于双方冷静地思考,理智地判断,做出最符合自己内心需要的选择。

一个人,在情绪激动时,通常很难客观地看待事情、冷静地思考问题。很容易一时冲动,做出不明智的决定。不论双方是什么样的关系,一旦关系陷入僵局,试图快刀斩乱麻,只会适得其反。这时,如果当事双方能给彼此一段冷静思考的时间,结局往往会大不一样。

比如,两位同事因为一件小事产生了误会,被误解的一方总是竭力想向对方证明自己的无辜,这样往往导致双方关系紧张。一方好心解释不是自己的错,另一方会想甚至会说,“不是你的错,那就是我错了?!”因此,越是解释,误会越深。相反,如果某一方能认识到冷静的重要性并能率先保持冷静,告诉对方“没关系,先××,以后再说”,事态就能得到很好的控制。

如果一位竞争对手与你关系不和,总与你抬杠,某一天他又开始较劲,你不妨对他说:“我一直很佩服你的能力”,“在这一点上我自认为不逊于你,可在另一方面我自叹不如……”

开始对方也许不会相信,只是一笑而过,可过后会想:“他说的也许是真心话……”而主动与你握手言和。

在谈判过程中,发挥睡眠效应的作用也有着相当积极的意义。

如果谈判一开始,对方与你初次见面,就对你怀有偏见,要想消除其偏见,不妨安排一段冷却时间,让对方对你的印象、可信度和对话内容相互分离,使对方能够就事论事进行客观的判断,并更正建立在对你的偏见之上的主张。这样,对方最初的反对往往能变成最后的赞同。

如果是在谈判过程中,关系陷入僵局,不妨提出“先吃饭,等吃完后再做决定吧”或“先休息一下,待会再考虑吧”,诸如此类的建议,让双方有一段冷静思考的时间。只要对方接受了你的建议,你会发现,等重开谈判时,进展会异常顺利。

人—际—关—系—的—心—理—学

"睡眠效应"是指,当事情在发展过程中遇到难题时,不要采取强迫手段,给出一段冷却时间,之后再去解决,问题就会迎刃而解。给出一段冷却的时间,之所以能收到良好的效果,是因为时间避免了人们的冲动,增加了信息的可信度,保证了判断的冷静。

为—人—处—世—的—潜—规—则

7

承认对方的权威，尽量避免争论

卡耐基说过这么一句话：将对方视为重要人物并以诚意相待，纵使是敌对者也会成为友人。

这话很有道理。

一位所得税顾问，为了一笔关键性的九千块钱，跟一位政府的税务稽核员争论了一小时。这位顾问解释这九千块钱事实上是应收账款中的呆账，不该征收所得税。那位稽核员反驳道："非征不可。"

稽核员非常冷酷、傲慢，而且顽固。顾问感觉，双方愈争执，对方愈顽固，所以他决定不再同稽核员理论，然后改变话题开始奉承他。

顾问认真地对稽核员说："比起其他要你处理的重要而困难的事情，我想这实在是不足挂齿的小事。我也研究过税务问题，但那是书上的死知识。你的知识全是来自实务工作的经验。有时我真想有份像你这样的工作，那样我就会学到很多。"

这下，稽核员在椅子上伸直身子，开始同顾问谈论他的工作，告诉顾问他发现过许多税务上的鬼花样。同时，他的口气慢慢地友善起来，接着又谈起他的孩子。临告别的时候，他说要再研究研究那九千块钱的呆账，过几天再通知结果。

三天后，那位稽核员打电话到顾问的办公室，通知那笔所得税不征了。

在这位税务稽核员身上，我们看到了人性最常见的弱点。

是什么让这位税务稽核员停止争论，最终改变了主意？是顾问的态度。

不难看出，在与税务稽核员打交道的过程中，顾问的态度发生了很大的转变。起先是与对方据理力争，后来是改变话题奉承对方。

顾问的这两种态度，给税务稽核员的感觉截然不同，致使税务稽核员对同一笔税项作出了不同的裁定。

这位税务稽核员要的是一种重要人物的感觉。

顾问与他争论，意味着挑战他的权威，不把他当作重要人物。因此，愈和他争论，他愈要高声强调职务上的权威。但一旦顾问承认了他的权威，争执自然偃旗息鼓，他也就变成一位宽容且富有同情心的人了。

从争论中获胜的唯一秘诀是避免争论。

试想，如果有人与你争论，你的感觉是什么？对方不相信你！不承认你！

对于那些在执行公务的人而言，如果在自己所管辖的范围内，有人就责任大小、做事规则与其争论，他(她)通常会认为对方在挑战自己的权威。这时候，利用职务之便惩罚那些与自己争论、对抗的人，似乎是很容易办到的。

这也是为什么人们常说：小鬼难缠。

哪些是“小鬼”？一个单位的一般办事人员，也就是照章办事的人。比如，一普通岗位的办事人员、领导秘书、管盖章的、也可能就是个看门的。这些人在公司多半是小人物，但是他们有一定的权力。因为是小人物，他们容易受到轻视；因为容易受到轻视，他们更加渴望成为重要人物，获得对方的重视。

还有，因为有一定的权力，他们也就有条件以权谋私，利用公职泄私愤，报复那些挑战自己权威的人。

前面所提及的税务稽核员也正属于税务部门的一般办事人员之列。他没有多高的职位，但在税额征收上，他有一定的决定权。一旦存在可征可不征，可今年征也可明年征的问题，他的决定权就更大，他的权威就更不容他人挑战。

当然，这里的意思并不是对这些人一味地妥协。只是想说，找这些人办事，如果了解他们的心理，事先就对他们的权威表示承认与尊重，便可避免争论、冲突与损失。

要知道，争论是解决不了任何问题的。

佛祖释迦牟尼曾说，“恨不消恨，端赖爱止”，争强激辩绝不可能消弭误会，只能靠技巧，靠协调、宽容、同情与理解。

记住：当你与别人的意见不一致的时候，即使你有再充分的理由，都不要试图以争论的方式去说服对方。

你不妨先听为上，让对方有展示权威的机会；对对方的意见表示同意考虑，而不是一口否决；延缓行动，给对方时间，让对方把问题考虑清楚。

——人—际—关—系—的—心—理—学——

从争论中获胜的唯一秘诀是避免争论。与对方争论，意味着挑战对方的权威，不把他当作重要人物。因此，愈争论，对方愈要强调自己的权威。反之，一旦对方的权威得到了承认，争执就会偃旗息鼓，凡事就好商量了。

——为—人—处—世—的—潜—规—则——

8

将目标放在退一步的地方，让对方的选择符合你的期待

一位推销员，推销的是某名牌的红酒。

向顾客推销时，他通常会遵循一定的顺序，由高档到中档，最后到低档。

先介绍高档红酒时，他会说："这是咱们公司顶级的红酒，贴有传统的古典酒标，挺有贵气。"

介绍中档红酒时，他会说："这是第二等级的红酒，也相当不错，后味甜美。"

介绍低档红酒时，他会说："这是一般的等级，清新怡人。"

然后，他向顾客劝说："我觉得你应该买这款——最顶极的红酒……"

顾客一听，常常会说："太贵了，我还买别的吧。"

结果，大多数的顾客都会选择中档的红酒。

这时候，这位推销员又会说："您真有眼光，这是最聪明的选择，要知道，在这么多款式里，这款性价比是最高的。"

顾客一听，感觉很得意，自然，掏钱也爽快了。

其实，该推销员一开始最想推销的就是中档红酒。

那么，他为什么不力荐中档红酒呢？

因为，他了解顾客的心理。任何一位顾客去买东西，对推销员，或多或少都有一些戒备心理。顾客总是担心，担心推销员推荐的产品是利润最高的或者卖不动的，因此，往往会出现这样的状况：推销员推荐什么，顾客偏偏不买什么。

这位红酒推销员恰恰是懂得了顾客的这一心理，于是，反其道而行之，虽然一开始就决定好了推荐目标，却不露声色，甚至反而推荐顾客可能不会选择的商品。结果，顾客中了计，选择了推销员最想推销的那一款，还自鸣得意，“这东西没问题，是我自己决定的”或“推销员都不得不承认我有眼光，看来我真是选对了”。

对销售员来讲，这种策略算是一箭双雕，既能推销出自己的目标商品，又能让顾客满意。

那么，为了消除顾客的戒备心，在推荐商品的顺序方面，是不是有一定之规呢？

根据大多数推销员的经验，介绍商品时应该遵循一定的价格顺序，但不是所有的商品都遵循同样的顺序。

比如，耐久性的消费品与不强调耐久性的消费品相比，就有所不同。

要介绍耐久性的消费品，比如家具或电器等，应采用从低价格开始，逐渐到高价格的产品展示法。反过来说，介绍日用品、化妆品等对耐磨性要求不高的消费品，则应采用从高价格开始，逐渐到低价格的产品展示法。

一般人选择耐久性的消费品时，最看重的是产品的性能与品质，因此，一般舍得在这些商品上花钱，喜欢买贵的。因此，从低价格开始，逐渐到高价格的产品展示法容易消除顾客的戒心，同时，自行做出购买决定也会让顾客有极强的满足感。

而对耐久性要求不高的消费品，一般人在选择时，更看重商品的个性化，通常不会强调买贵的，而主张买对的。因此，从高价的商品，逐渐到低价格的产品展示法也能消除顾客戒心，让顾客自我满足。

一位床垫推销员，就是采用这种策略，提高了推销的成功率。

她先让顾客看最便宜的床垫，然后说：“这是比较差的一种。”当然，顾客通常会表示拒绝。

一般的顾客买床垫，都希望能用上十年八年，所以不想买最便宜的，宁可多花点钱买更好的。不过，听她这么一推荐，顾客心想“这销售员还不错，不是光给我推荐贵的”，于是，防范心理就没了。

这时候，她再让顾客看价格更高的一款，介绍说：“如果选用这种床垫，可以保用20年。虽然价格贵一点，但是经久耐用，所以算起来还是很便宜的。”顾客点点头。

然后，她再让顾客看价格最高的一款，介绍说："这是最贵的，做工精细，用30年没问题。"

结果，顾客要了中档价格的床垫，而这，恰恰是她原本想推荐的。

人—际—关—系—的—心—理—学

想要说服对方，必须先解除对方的戒心。每个人出于本能都会有一种防备心理，出于这个防备心理，就不会轻易接受他人的建议。解除对方的戒心具体的方法是，首先要让对方有选择的余地，然后再让对方运用自己的理智和感情得出判断。

为—人—处—世—的—潜—规—则

9

先当对方的出气筒，在对方的情绪发泄完后，再顺势引导

一次，纽约的电话公司遇到了一桩麻烦事。

一位苛刻的用户，对电话公司接线员的服务不满意，因此在电话公司要他付费时大发雷霆。

他认为这些费用对于他所享受到的服务而言，简直是敲竹杠，于是他怒气冲冲地宣称，要把电话拔掉，并且到有关方面提出申诉。

为了解决这一抱怨，电话公司派了一位最干练的调解员，前去见这位客户。

在双方见面之后，那位暴怒的用户，毫不留情地向调解员发泄了他的愤怒。

调解员静静地听着，不时说："是的。"对用户的不满表示同情。

就这样，用户滔滔不绝地说着，而那位调解员则洗耳恭听整整三个小时。如此这般，调解员先后去见过这位客户三次，每次都对他表示理解与同情。用户的态度慢慢变得友善起来。

在第四次见面的时候，这位用户说他准备成立一个"电话用户权益保障协会"，调解员立刻表示赞成，并说他一定会成为这个协会的会员。

这位用户很是吃惊，他从未见过一个电话公司的人，和他用这样的方式与态度进行交谈，于是，他的不满情绪彻底平息了。他不仅把该付的费用全都付了，还主动撤销了向有关方面的申诉。

电话公司的调解员，成功地运用了心理战术——甘当对方的出气筒，满足了客户“被肯定、被尊重的”渴望。

事实上，这位用户所需要的就是一种被重视、被肯定的感觉。

当调解员耐心倾听他的控诉，这位客户便感觉自己的意见被接受了，自己的权力欲和虚荣心得到了满足，牢骚也就越来越少，直到最后，没了。

甘当对方的出气筒，让愤怒的对方发泄情绪是平息对方怒气的最佳方式。

一个人在受了委屈后，往往会产生一种幻觉，夸大自己的愤怒，这实际上是一种虚荣心在作怪，他们想通过愤怒来显示一下自己的威风。在这种情况下，任何形式的劝说都不会奏效。

如果一开始，你试图证明他们的想法是错误的，那你就大错特错了。因为，那么只会进一步激怒他们，让他们在心里设置一道坚固的防线，继续坚持自己的顽固之举。

为此，你应该像那位调解员那样：当一回出气筒，静静地听着，让他们独自去说个够。同时，对他的意见或主张先表示“绝对正确”，作出接受的姿态，以此来表示你愿意了解他的观点。即使你不能完全同意他，也得表示出你对他的同情。

通常，这样的人并不难对付，只要他们的需要得到了满足，就会对他人采取开放的态度，甚至会纡尊降贵地去迁就他人的意见。

“先当出气筒”的方法不仅适用于客户服务，也适用于处理办公室人际关系。比如上下级之间、同事之间。

一次，美国总统马尔利指派某人担任税务部长，引起了许多国会议员的反对。

这些议员派了一名代表前往，要求马尔利就此任命作出解释。

这名代表身材矮小，脾气暴躁，说话粗鲁无礼。

他开口就把总统大骂了一顿。

马尔利平静地听他发完脾气，最后，他才温和地说：“你说完了，怒气也该平息了吧？照例你是没有权利来责问我的，不过我还是愿意详细给你解释……”

这句话说得这位议员羞愧万分，但总统不等他表示歉意，就和颜悦色地对他说；“其实也不能怪你，因为，我想任何不明真相的人，都会大怒。”

接着，他便一一解释为何任用那个人。

其实不等马尔利解释，那位议员已经被他折服。

当时，他心里非常懊恼，不该用如此恶劣的态度，来责备这样一位宽容大度的总统。

因此，当他回去向同时讲起这件事时，他说："我记不清总统的全部解释，但只有一点我要说明，那就是，总统的决定是正确的。"

在生活中，我们难免会遇到一个怒火中烧，乱发脾气的人。面对这样的人，你不用害怕，你只管保持冷静，让他尽情发泄。

当他发泄时，尽可能地表示理解与同情。等他发泄完了，他的情绪平稳下来了，你再顺势引导，自然水到渠成。

——人—际—关—系—的—心—理—学——

一个人在受了委屈后，往往会产生一种幻觉，夸大自己的愤怒，这实际上是虚荣心在作怪，是想通过愤怒显示自己的威风。在这种情况下，任何劝说都不会有效。反之，静静地聆听对方的抱怨，对方的需要得到了满足，情绪自会平息，态度会大变，甚至可能屈尊降贵地去迁就他人的意见。

——为—人—处—世—的—潜—规—则——

10

如果对方欺软怕硬，显示你寸步不让的决心

一个农庄的庄主，拥有不少的黑奴。有一天下午，这个庄主与自己的侄儿在磨坊里磨麦，正当他们磨得不可开交的时候，磨房的门静静地被打开了，一名黑奴的孩子走了进来。

庄主回头看了看，语气恶劣地问她："什么事？"

那女孩声清气朗地回答："我妈让我向您要五毛钱。"

"不行！你这个黑奴崽子，穷鬼，滚回去！"

"是。"女孩应着，可是一点也没有离开的意思。

庄主只专心埋头工作，根本没察觉她还站在那儿，后来再抬起头，看到女孩还静静地站在门口。他火了，大声赶她：

"我叫你回去，你听不懂啊！再不走，我让你好看！"

女孩依旧应了声："是。"却仍然动也不动地站在那儿。

这可真把庄主惹恼了，他火冒三丈，重重放下手头的一袋麦子，顺手抓了身边一把秤杆，怒气冲冲地朝女孩走去。

然而，那个女孩毫无惧色，不等庄主走去，反先迎着他踏前一步，眼睛眨也不眨地仰视着凶恶的主人，斩钉截铁地说道：

"我妈说无论如何都要拿到五毛钱！"

庄主一下愣住了，细细地端详女孩的脸，缓缓放下了秤杆，从口袋里掏出五毛钱给了女孩。

原本怒气冲冲的庄主为什么会向一个黑人小女孩妥协？

因为小女孩不被他的气势所吓倒，反而以硬对硬，挫败了他那不可一世的霸气。

黑人女孩获胜的法宝是什么？其实就是她寸步不让的硬气。

常言道：柿子只拿软的捏。欺软怕硬是人们的一种常见的心理。

一群孩子中间，总被大家欺负的往往是身体最弱、家里最穷的孩子，身体弱，打不过大个的孩子；家里穷，腰杆直不起来。一个人欺负他，他没有多大的反应，其他的人便都觉得他好欺负，便都去欺负他。

当然，也有例外，有的孩子身体也弱，家里也穷，但他不害怕强势，即使心里害怕，也表现得不害怕。某一天，被大个子打了，他虽然打不过对方，但他拼了命去还击，虽然被打得头破血流，却没有表现出一丝畏惧，自那以后，就再也没人敢欺负他。

在极其单纯的孩童的世界里，欺软怕硬的心理也是存在的。更何况势利的成人世界呢？

这种心理不仅体现在人与人的交往中，也体现在国与国的交往中。

第二次世界大战，英国首相张伯伦对贪婪残暴的希特勒妥协，与之签订了荒唐愚蠢的绥靖政策，试图以牺牲一个捷克斯洛伐克，来满足希特勒的侵略欲望，却不料希特勒更加趾高气扬，将此举看成是对方软弱与恐惧的表现。随后，希特勒采取了更为大胆的行动，最终导致了二战的爆发，结果让5000万无辜的人丧失了宝贵的生命。

对于整个人类，这是一个惨痛的教训。对于每一个社会人，这也是值得铭记在心。

为人做事，与人友好相处是原则，不过这是有条件的。条件是相处的对方也是一个渴望和平友好、有理智、讲道理的正常人。

如果对方原本就狂暴、粗俗、不讲道理、欺软怕硬，你大可不必为了与之建立友好的关系而一味地退让，更不能对他低声下气，那样，只会令他傲气冲天，得寸进尺，更加不把你放在眼里。

相反，如果你寸步不让，以硬气予以回击，坚持自己的做事原则，维护自己的利益，对方最终会屈服于你。

——人—际—关—系—的—心—理—学——

欺软怕硬是人们的一种常见的心理。为人做事，力求与人友好相处。不过如果对方原本就狂暴、不讲道理、欺软怕硬，你大可不必一味退让，更不能对他低声下气。反之，你应寸步不让，以硬气予以回击，坚持自己的做事原则，维护自己的利益，对方最终会屈服于你。

——为—人—处—世—的—潜—规—则——

第九章

世事洞明，人情练达

世事洞明皆学问，人情练达即文章。这是曹雪芹在《红楼梦》中的诗句。可见为人处世与做文章有很多相通之处。文章有三六九等，做人亦有境界高低之分。有的人练达圆通，为人处世，自然流畅，毫无做作之感，与之相处，如沐春风。

1

激发对方的同情心，变“不可能”为“可能”

波斯帝国的太子被阿拉伯帝国的倭马亚王俘虏，倭马亚王下令要将他斩首。

昔日威武不凡的太子成了阶下囚，早已没有了什么威风。他请求倭马亚王说：“主宰一切的陛下，我现在口渴难当，您当以仁慈之心，让您的俘虏饮足了水再处斩也不迟啊！”

倭马亚王答应了太子的要求，让侍卫端给他一碗水。

太子接过这碗水，却不敢喝下去，颤颤巍巍地说：“陛下，我担心我正在喝这碗水时，会有人举刀杀死我。”

国王说，“放心吧，不会这样的。”

于是太子请求国王保证。

国王庄重地说，“我以真主的名义发誓，在你喝下这碗水之前，没有人敢伤害你。”

太子一听，立即将那碗水泼到地上。

倭马亚王大怒，但身为国王，他已发下誓言，不会在太子喝下这碗水之前伤害他。现在，水已被太子泼到地上，太子再也喝不到这碗水了，倭马亚王也就永远不能伤害太子了。

倭马亚王知道自己上了太子的当，但也没办法，只得放了太子。

太子凭借什么保住了自己的性命？

凭借自身的智慧，凭借对人类共同心理的了解。确切地说，他利用了倭马亚王的同情心。

何谓“同情心”？

应该说，这世上人人都有同情心。当看到影视剧中的人物处境艰难，当听到别人遭遇不幸，我们往往会觉得心里难过，甚至潸然泪下，情不自禁地想帮人一把，即使这些人与我们非亲非故，素不相识。这就是人类的同情心。

同情心是人类富有感情的体现。人往往对比自己强的人有戒心或竞争心理，而对境遇不如自己的人，往往心怀同情，对他们没有戒备、防备，更容易被他们的哀求所打动，满足他们的要求。

掌握生死大权的倭马亚王同情成为阶下囚的太子，便是这个道理。

对倭马亚王而言，太子虽然仍是自己的敌人，但他的处境变了，他不再高高在上、威武无比，而是身处绝境、任人宰割。看着太子现在的潦倒，想着太子过去的威风，倭马亚王不能不产生一丝同情。

试想，如果太子一副不怕死的样子，或者死到临头还嘴硬，倭马亚王会同情他吗？当然不会，这正是太子的聪明，不仅让人看上去可怜，而且提出的请求也让人同情。

同情心也是人性的弱点之一。古老的寓言故事《农夫和蛇》中的农夫不就是因为同情蛇，最后自己被咬伤致死的吗？《东郭先生和狼》中的东郭先生不也是因为同情心，而差点丧命的吗？

现实生活中，很多人无条件付出、退让，甚至上当受骗，就是因为同情心。

同情心是人性的弱点，我们不应该滥用它，但我们可以善用它，通过激发他人的同情心，为实现自身的目标服务。

也许有人会说，我不需要别人的同情。因为你有自尊，你不想通过博得别人的同情而获得自己想要的东西，这没错，值得理解。不过，他人的同情心并不是毒药炸弹，正确看待它、利用它，你会得到很多意想不到的好处。

比如，谈一笔生意时，在价钱上，对方始终不让步，你将自己伪装成弱者，向对方列数你的种种难处，让他感到你确实不易。只要你做得适当，你不必担心这样会影响你的形象和尊严，相反，对方往往会同情你，并作出一定让步。

你为了走近道，想从一个小区穿行，却被门卫拦住了。这时，你不妨对门卫说："对不起，我的东西太沉了，我有点走不动了，帮帮忙，让我过一次，好吗？"门卫多半会让你过去。

再如，家里人做家务不够主动，命令、强迫、抱怨很容易引发家庭战争。你不妨让家人看看你因干活太多而变得粗糙的手，在他们面前揉揉你因劳累过度而酸软的腿。相信接下来，你就不用再做那么重的家务活了。因为有人良心发现，开始帮你了。

人际关系的心理学

"动之以情"心理战术：同情心是人类富有感情的体现，人人皆有。若能善加利用他人的同情心，可轻松打动对方，获得自己想要的结果。

为人处世的潜规则

2

满足对方的情感需要，以出乎意料的方式打动对方

拉堤埃是一名飞机推销商，他想在印度航空市场上占得一席之地。于是，他来到新德里，打电话给拥有决策权的拉尔将军，没想到，对方反应十分冷淡，根本不愿会面。最后，在拉堤埃的要求下，将军才勉强答应给 10 分钟的会面时间。

虽然仅有 10 分钟，但拉堤埃不愿轻易放弃这个机会，他苦苦思索，决定利用这难得的 10 分钟扭转局面。

一跨进将军的办公室，拉堤埃就满面春风地对将军说："将军阁下，我衷心地向你表示感谢。因为你使我得到了一个十分幸运的机会，在我过生日的这一天，又回到了出生地。"

这话引起了拉尔将军的兴趣，"什么，先生，你出生在印度吗？"将军半信半疑地问。

"是的！"拉堤埃借机打开了话匣子，"1929 年 3 月的今天，我出生在贵国的名城加尔各答。当时我的父亲是法国密歇尔公司驻印度的代表。我们全家的生活得到了好客的印度人民的照顾。当我过 3 岁生日时，邻居的一位印度老大妈还送给我一件可爱的小玩具，我和印度小朋友骑在象背上度过了有生以来最

愉快的一天。”

10分钟过去了，将军丝毫没有结束谈话的意思，他被拉堤埃绘声绘色的讲述深深吸引住，反而向拉堤埃发出了邀请：“你能来印度过生日真是太好了，我想请你共进午餐，表示对你生日的祝贺。”

在汽车驶往餐馆的路上，拉堤埃打开公文包，取出一张颜色已经泛黄的合影照片，双手捧着，恭恭敬敬地请将军看。

“这不是圣雄甘地吗？”将军惊讶地问。

“是呀，您再仔细看一下那个小孩，那就是我。4岁时，我和父亲一道回国，在途中曾经十分幸运地和圣雄甘地同乘一条轮船，这张合影照片就是那次在船上，父亲为我们拍摄的。我父亲一直把它当作最珍贵的礼物珍藏着，这次因为我要去拜谒圣雄甘地的陵墓，父亲才……”

“我非常感谢您对圣雄甘地和印度人民的友好感情。”将军十分激动，紧紧拉住拉堤埃的手。

不用说，两人在友好而温馨的气氛中共进了午餐，午餐结束后，那宗本来希望渺茫的大买卖也拍板成交了。

拉堤埃成功扭转局面的关键在哪里？在于投其所好。

他抓住了拉尔将军的民族情结大做文章，迎合了将军的感情偏向，从而让原本冷酷的商务谈判变成了一场老朋友似的重逢。

古人说“天下熙熙，皆为利来；天下攘攘，皆为利往”，不可否认，物质是人们的第一需要，一个人、一个组织想要生存，是离不开物质基础的。不过，除了物质的需求，人们还有精神上的需求。在很多时候，人们对精神上的需求甚而超过对物质的需求。

鉴于这个原因，打动人心的不只有优厚的物质条件，还有或灼热或温馨的情感。

正如上述的商业谈判，照理说，打动对方的应该是利益，与感情似乎不粘边。然而，事实上，打动将军的却是拉堤埃表现出的对印度人民及其领袖的美好情感。就是这份情感，在短短的时间内，彻底瓦解了将军原本牢不可破的心理防线。

白居易曾经说过这样一句话：“感人心者，莫先于情。”感情的力量的确不可小视。对于管理者而言，更是如此。高明的管理者，应该知道用高薪来激发人、留住人，同时，也懂得以情感来征服人、感化人。

然而，现实中，我们时不时会听到上司这么说，“你不就想涨钱吗?”、“你不就是对薪水不满意吗?”。诸如此类的话，让下属的没了面子，没了积极性，没了忠诚。

一家广告公司的高级客户总监跳槽了。谈到原因时，他说，“我在这里做了三年半，每天干到半夜12点钟才回去，业务量增加了好几倍。老板竟然连抽空赏光吃个饭的工夫都没有。”

其实，这个老板提供的薪水一点也不比外面少，但是竟然留不住员工的心。

而在另一家公司，一家小得连公司也算不上的小工作室，老板却很会与员工相处，今天一起吃个小馄饨，明天买点小零食。大家一起同甘共苦，很长时间没有一个人离职，公司的发展前景一片光明。

能和老板一起吃一碗馄饨，有时比独自吃一碗燕窝更让人兴奋。

这，就是感情投资的效力。

一个管理者，必须意识到情感管理的重要性，重视感情的投入，这样，才能拥有员工的勤劳的手、灵活的脑，还有忠诚的心。

——人—际—关—系—的—心—理—学——

除了物质的需求，人们还有精神上的需求。在很多时候，人们对精神上的需求甚而超过对物质的需求。因此，感情的力量不可小视。对于管理者而言，更是如此。高明的管理者，应该知道用高薪来激发人、留住人，同时，也懂得以情感来征服人、感化人。

——为—人—处—世—的—潜—规—则——

3

增加对方的心理负担，让对方不忍拒绝你

一个保险业务员，到一家餐厅拜访店主，店主一听是保险公司的人，笑脸倏地收了起来。

“保险这玩意儿，根本没用。为什么呢？因为必须等我死了以后才能领钱，这算什么呢？”

“我不会浪费您太多的时间，您只要挪几分钟的时间让我为您说明就好了！”

“我现在很忙，如果你的时间太多，何不帮我洗洗碗盘呢？”

店主原是以开玩笑的口吻戏谑他，没想到年轻的保险员真的脱下西装外套，卷起袖子开始洗了，老板娘吓了一跳，大喊：

“你用不着来这一套，我们实在不需要保险！所以，不管你怎么说，怎么做，我们绝不会投保的，我看你还是别浪费时间和精力了！”

保险员每天都来洗碗盘，店主依旧是铁石心肠地告诉他：

“你再来几次也没用，你也用不着再洗了，如果你够聪明，趁早找别家吧！”

但是这位有耐心的保险员依然天天来洗，10 天、20 天、30 天过去了。到了第 40 天，这个讨厌保险的店主，终于被这个青年的耐心感动了，最后答应他投高额保险，不仅如此，而且还替这位有耐心的年轻保险员介绍了不少桩生意呢！

态度原本如此坚定的店主为什么改变主意买了保险？

因为年轻的保险员施展了攻心术，增加了她的心理负担，让她为了消除这一负担而改变主意。

推销员连着几十天到店里干活，不拿一分钱工资，店主能没有心理负担吗？是不是他洗碗的次数越多，店主的心理负担就越重？

从心理学角度来讲，这时候，店主心理上的"感情借贷"已经不平衡了。

借贷通常是指财务上的收入与支出。一个企业，在财务上，要做到借贷平衡，才能维持经营；一个人，在感情上，要做到付出与获得平衡，才能没有心理负担。

因此，一般人对于别人的付出，总要作出一定的回应。因为谁都不喜欢有心理负担。哪怕是亲人所无意识给予的。

想想，如果父母对你说："我这么拼命地工作，完全是为了你。"你也许会不高兴。因为他们的话让你心理有负担。

再想想，即便付出的人不说，却让你感受得到，你是否也会有负担？

面对多次上门的推销员，你斩钉截铁地说："我不想买，你来多少次都没有用的。"然而，他仍坚持不懈地与你联系。

甚至屡次遭到你的拒绝之后，他还强作精神，满脸笑意："没关系，不要也没关系，这是我的工作。我只是希望您给我两分钟时间，让我做一下介绍。"

有时候，他还故意选择凄风冷雨的日子来到你的门前，即使你内心明知这是他们惯用的战术，恐怕也会动恻隐之心，"他们也真不容易啊！"

原本没有购买念头的你，就这么改变了主意，掏出了钱包。

其实，推销员的这种战术也值得我们每个人学习。如果有一天，你想让对方作出较大的让步，不妨如法炮制，增加对方的心理负担。

换一个角度说，为对方付出，让对方欠你情，心生不安，让他（她）不得不有所回应。

你所需要记住的是：保持足够的耐心，不断地付出，等到有一天，对方负重太多，他就不得不作出反应，回报你的"情"，减轻他的"债"，以求得心理上的平衡。

人际关系的心理学

“感情借贷”平衡，借贷通常是指财务上的收入与支出。一个企业，在财务上，要做到借贷平衡，才能维持经营；一个人，在感情上，要做到付出与获得平衡，才能没有心理负担。

为人处世的潜规则

4

唤起对方需要协助的心理，就可以征服对方

相信很多人都看过世界名片《保镖》，该片讲述了特工弗兰克与著名女歌星梅伦由雇佣关系到恋人关系的一段经历：

著名黑人女歌星梅伦的经纪人狄克请求特工弗兰克去做保镖。原来，与梅伦住在一起的梅伦的姐姐妮基与保镖托尼经常收到恐吓信，有人威胁说要杀害梅伦。

弗兰克本想拒绝，因为他始终无法忘记在一次枪战中的痛苦经历。但看到梅伦5岁大的孩子法伦时，他不忍拒绝，便答应了。

不过，对于这一切，梅伦并不知情。她并不赞同经纪人的安全防护措施，对弗兰克也没有好感。

随后，发生了一起汽车跟踪事件，弗兰克证实了这一事件是冲着梅伦来的，梅伦意识到自己的生命确实正受到威胁，由此改变了对弗兰克的成见。

在演唱会上，梅伦发现了恐吓信，知道了事情的真相。梅伦被歌迷冲下了舞台，多亏弗兰克及时相救才避免了灾难的发生。

梅伦为了答谢弗兰克，邀请他共进晚餐。梅伦感到，在弗兰克身边有一种安全感。两人在舞曲中渐渐陶醉。梅伦难以抑制心中的激情，与弗兰克发生了关系。

此后，两人又共同经历了数次生死考验。

在乡村别墅，弗兰克再次救了梅伦。

在金像奖的颁奖晚会。弗兰克为了救下梅伦，击毙了杀手，自己却身中一枪，昏死过去。

梅伦终于安全了。弗兰克送她登上飞机去作巡回演出，他已不再是梅伦的保镖。经过心中的激烈斗争，梅伦终于在飞机起飞前的最后一刻跑下了飞机。

在风中，梅伦与弗兰克紧紧地拥吻在一起。

从某种程度来讲，梅伦爱上弗兰克，是突然遭受恐怖刺激而渴求安全感使然。

大凡人经历了恐怖之后，会松一口气，并对身边的人产生好感。甚至原本势不两立的双方也可能前嫌尽释、相互协助。

最初，梅伦对弗兰克并不友好，之后，多次的恐怖袭击让她惊恐，在心理上，她需要依靠，而弗兰克在旁，恰恰给了她这种依靠，给了她安全感。

梅伦需要弗兰克协助的时候，正是她感受到弗兰克力量的时候，恐怖袭击的来临让她不由得依赖他、依恋他，最后爱上了他。

这就是人们惯常的一种心理。如果两个人在一起，其中的一方需要协助，另一方伸出援手，就很容易赢得对方的好感，甚至征服对方。

对于这种心理，心理学家达顿和亚伦的吊桥实验予以了证实。实验是在深约七十公尺的深谷上面，架上一座137公尺的吊桥。让参与实验的人从上面走过去。一般人过这样的吊桥，都会吓得心脏怦怦乱跳。

实验的对象是两组男性。每一组的男性在要过桥时，都会有一个他未曾谋面的年轻女子对他说："我好害怕噢！我们可不可以一起过桥？"

然后，达顿和亚伦会对两组男性做一个心理调查，询问他们对这个女性的好感程度。

不过，对两组男性，询问的时间有所不同。一组是过桥前，另一组是在过桥后。

结果发现，虽然是对同一个女性，这两组男性对其喜欢的程度有很大不同。

过桥后才做调查的这组，对这个女子的印象较为深刻，有更多的好感，甚至有的男性在与这位女性共同经历了恐怖之后，爱上了这位女性。

这种心理人人都有。这也是为什么一些男生喜欢带着女朋友，到游乐园的鬼屋去玩。实际上，这些男子的主要目的，是为了要找机会和女朋友更亲近。

任何人在遭遇恐怖或磨难时，都想找一个能替自己消除恐怖、排除困难的协助者。即使要依赖的人是一个自己原本不齿的人，也可能视其为救世观音。

心理学研究表明，相比男性，女性更容易出现这种心理症状。因为女性往往比较情绪化，也较感情用事，她们更容易因为与某人有了共同的恐怖经历而爱上对方。

看来，征服对方其实并不是像想象中的那么难，有的时候，你只要创造条件，让对方产生一种需要协助的心理，就容易轻松地达到目的。

如果你无法创造条件，你也要试着寻找机会，在对方需要协助时，及时出现在他(她)的面前。

这样的时刻，可能是：

对方的事业遭受了挫折：比如，对方苦心经营的企业破产了；负责的一个大项目出了问题；原本可能实现的升职希望破灭；被领导误解而遭一顿臭骂……

对方生活遇到了困难：身体出了大的毛病；家人的健康状况非常不好；与家人关系紧张；孩子不听话；发现配偶有外遇……

——人—际—关—系—的—心—理—学——

任何人在遭遇恐怖或磨难时，都想找一个能替自己消除恐怖、排除困难的协助者。即使要依赖的人是一个自己原本不齿的人，也可能视其为救世观音。因此，在对方需要协助时，及时出现在他(她)的面前，常可赢得对方的好感，甚至征服对方。

——为—人—处—世—的—潜—规—则——

5

从感情入手，让对方依赖感情而非理智来判断

在美国，一位少年站在地铁的月台，不小心摔落到铁轨上，那时刚好有一辆电车飞驶而来，虽然他万幸地保全了性命，但是却受了重伤，失去了双手。

之后，这个少年向铁路公司提出控诉，但不论是地方法院还是最高法院的审判，都认为这不是铁路公司的过失，而完全是少年自己造成的。为此，这个少年每天心情沉重，郁郁寡欢。

终于到了最后判决的日子，在这最后的一场辩论中，令众人感到意外的是：法院竟宣判少年反败为胜，而且全体陪审员也一致赞同。

为什么会有这样的结局呢？

据说这完全是少年的辩护律师，在当天的最后辩论中，说了这么一句话："昨天我看到少年用餐时，真接用舌头去舔盘子里的食物，使我不禁掉下了眼泪。"

就是这句话，使陪审团的判决峰回路转。

原因显而易见，人们毕竟是感情动物，即使是千百个振振有词的理由，也比不上一个令人感动的事实。

从表面上看，这个判决是人们理性作出的，但事实上，却是依赖人的感情和五官的感觉来做判断的。

从心理学角度来讲，它说明了这样一个道理：感情或感觉可以突破难关，更能诱导反对者变成赞成者。

俗话说："人心都是肉长的。"人是感情动物。不管双方认识距离有多大，对方对你的成见有多深，只要你通过一定的努力在情感上打动对方，就会促使对方去思索，进而理解你的苦心，改变他原有的观点与看法。

韩国电视连续剧《看了又看》中的一位男主角就是用情打动了女朋友的母亲，从而与自己的恋人喜结连理。

最初，两人的交往便遭到了女方母亲的强烈反对，称其为"癞蛤蟆想吃天鹅肉"。

的确，两人的个人条件相差太大。男的是电视台的舞蹈老师，长相有点难看。女的硕士毕业，从事写作，长得很漂亮，是父母的掌上明珠。

一天，男主角硬着头皮去见了女方的母亲，女方的母亲很明白地告诉他："我坚决不同意你们交往。我不想让我的女儿嫁给一个跳舞的。"

男主角听了这话，打击不小，但并未不死心。他想，得进行感情投资，讨好讨好准岳母，让她感受到他的一片真心，也许在感动之余，会不计较什么职业、长相之类的外在条件了。

从女朋友那里得知，准岳母每天早上都会一个人到山上去拎矿泉。

知道了这事，男主角很高兴。虽然他很懒惰，也习惯晚睡晚起，但从此以后，他每天都准时到女朋友家大门外，等着陪同准岳母去打水。

起初准岳母根本不理他，给他白眼，但他不在乎。他总是笑眯眯地去打水、拎水壶。一路上还无话找话说，讲笑话给准岳母听；在打水休息空隙，他还教准岳母表演健美操。此外，他还特意买了漂亮的帽子，送给准岳母……

慢慢地，准岳母的脸色有了转变。

在坚持了一个月之后，男主角让准岳母意识到他的好，他还故意消失了几天。

还真如他所料，突然间早上没人陪着打水了，准岳母很不习惯，很失落，进而想到了他的种种好处，甚至天天盼着早日见到他。

没过多久，两人的婚事就得到了父母的应允。

想想看，男主角的个人条件发生改变了吗？没有。

那么，准岳母的态度为什么这么快就有了变化？

因为，男主角通过感情投资，与准岳母建立了感情，赢得了准岳母的好感。于是，情感战胜了理智，岳母大人的判断标准发生了改变，感情上升为第一位，学历、身高、长相等外在条件就变得不那么重要了。

如果有一天，你试图说服某人，改变其判断标准，如果对方在理智上不能接受，不妨从感情入手，让对方在不知不觉中改变。

人际关系的心理学

从心理学角度来讲，感情或感觉可以突破难关，更能诱导反对者变成赞成者。人是感情动物。不管双方认识距离有多大，对方对你的成见有多深，只要你通过一定的努力在情感上打动对方，就会促使对方去思索，进而理解你的苦心，改变他原有的观点与看法。

为人处世的潜规则

6

聆听对方的苦恼，让对方的不良情绪得以宣泄

一天深夜，一位医生突然接到一个陌生妇女打来的电话。对方的第一句话就是："我恨透他了！"

"他是谁？"医生问。

"他是我的丈夫！"医生感到突然，于是礼貌地告诉她，"你打错电话了。"

但是，这位妇女好像没听见似的，继续说个不停：

"我一天到晚照顾四个小孩，他还以为我在家里享福。有时候我想出去散散心，他却不肯，而他自己天天晚上出去，说是有应酬，谁会相信……"

尽管这中间，医生一再打断她的话，告诉她，他并不认识她，但是她还是坚持把自己的话说完。

最后，她对这位素不相识的医生说：

"您当然不认识我，可是这些话已被我压了多时，现在我终于说了出来，我舒服多了，谢谢您，对不起，打搅您了。"

一个人总是需要倾诉，宣泄情绪的。情绪往往蓄之愈久，发之愈烈。

从心理学角度来讲，情绪就像大水，你不让它发泄出去，它就像往水库里蓄

水，只能是越涨越高，在心理上形成一个强大的压力。要想它不外流，就必然要在心理上高筑堤坝，而这势必使人在心理深处与外界日益隔绝，造成精神的忧郁、孤独、苦闷，甚至导致精神失常、行为变态。

1988 年 7 月 26 日，沈阳市某旅社经理被职工杀死在经理室。

原来，当天下午，杀害经理的装卸工酒后找经理要求调换工种，经理见他酒醉，拒绝与他谈话。

该装卸工拍案而起，手持水果刀，直指经理，摆出一副杀人架势。

经理也毫不示弱，立即报警叫来了公安，根据《治安管理处罚条例》，该职工要被公安机关拘留 10 天。

处罚决定下达的当天晚上，该职工借回旅社写申诉之机窜至经理室，手持菜刀向毫无准备的经理砍去……旅社经理就这样命丧黄泉。

事后，大家都为这位经理遗憾。如果她多少懂得一点心理学，懂得面对员工的负面情绪，应该疏导而不是堵塞；如果她能耐心地倾听这个醉酒的下属的心声而不是拒绝。悲剧还会发生吗？应该不会。

近年来，类似的案件并不少见。这给企业管理者敲响了警钟：了解员工的负面情绪并予以疏导非常必要。

那么，一个人的负面情绪如何才能得以疏导呢？

我们先来看看一个著名的心理实验——“霍桑试验”。

霍桑工厂是一个制造电话交换机的工厂，具有较完善的娱乐设施、医疗制度和养老金制度等，但工人们仍愤愤不平，生产状况也很不理想。

为探求原因，1924 年 11 月，美国国家研究委员会组织了一个由心理学家等多方面专家参加的研究小组，在该工厂开展一系列试验研究。研究的中心课题是生产效率与工作、物质条件之间的相互关系。

这一系列试验研究中有个“谈话试验”，即用两年多的时间，专家们找工人个别谈话两万余人次，规定在谈话过程中，要耐心倾听工人对厂方的各种意见和不满，并做详细记录；对工人的不满意见不准反驳和训斥。

结果，霍桑厂的工作效率大大提高。

原来，工人长期以来对工厂的各种管理制度和方法有诸多不满，无处发泄，“谈话试验”使他们这些不满都发泄出来，从而感到心情舒畅，干劲倍增。

社会心理学家将这种奇妙的现象称为“霍桑效应”。它表明：交谈、聆听、倾诉是导泄负面情绪的重要渠道。

对组织的管理者而言，这个实验具有重大的启迪意义。

在工作中，几乎每一个人都不可避免地有一些负面情绪。作为企业的管理者，要时时重视员工情绪的调整。对那些未能实现的意愿和未能满足的情绪，切莫压抑克制下去，而要千方百计地让它宣泄出来，让员工有话敢说，有话有地方说。

目前在日本，不少企业在心理学家的建议下，根据“霍桑效应”的原理，设立了所谓“特种员工室”。

“特种员工室”里陈设有经理、车间主管、班组长的偶像及木棒数根，工人对某管理人员不满，可以棍打自己所憎恨的人偶像，以泄愤懑。

也许，作为管理者，也许由于这样或那样的原因，开办所谓的“特种员工室”并不现实，你也可以通过其他的方式，顺畅企业内部上下的沟通渠道。比如，领导信箱、员工大会，让员工能够在领导面前畅所欲言、言无不尽。

做到了这一点，你的企业就会少一些患胃溃疡、结肠炎的员工，多一些热情似火、干劲十足的员工。

人—际—关—系—的—心—理—学

“霍桑效应”，一个有诸多不满的人，如果能够通过某种沟通渠道，把自己的不满都发泄出来，就会感到心情舒畅，干劲倍增。为此，要想提高组织的工作效率，必须顺畅组织内部上下的沟通渠道，让成员畅所欲言、言无不尽。

为—人—处—世—的—潜—规—则

7

关心对方最亲近的人，更能打动对方的心

如果你想打动对方的心，可这并不容易，不妨试着去打动对方最关心的人的心。

1980 年 1 月，在美国旧金山一家医院里的一间隔病房外面，一位身体硬朗、步履生风、声若洪钟的老人，正在与护士死磨硬缠地要探望一名因痢疾住院治疗的女士。

但是，护士却严守规章制度毫不退让。

这护士真有点“有眼不识泰山”，她怎么也不会想到，这位衣着朴素的老者，竟是通用电气公司总裁，一位曾被公认为世界电气业权威杂志——美国《电信》月刊选为“世界最佳经营家”的世界企业巨子斯通先生。

护士也根本无从知晓，斯通探望的女士，并非他的家人，而是加利福尼亚州的销售员哈桑的妻子。

后来，哈桑知道了这件事，在震惊之余，也感激不已。他决定以更加努力的工作、更辉煌的业绩来报答斯通的关心及公司的厚爱，他每天拼命地工作，甚至长达 16 个小时。

在哈桑的带动下，通用电气公司在加利福尼亚州的销售业绩一度在全美各地区评比中名列前茅。

难怪人们认为，通用电气公司事业蒸蒸日上，斯通的情感管理功不可没。

人人都有亲人，都会关心自己最亲近的人，一旦发现了别人也在关心着自己所关心的人，大都会产生一种无比亲近的感觉。

人际交往中，完全可以利用人们的这种心理倾向，从关心对方最亲近的人着手，赢得对方的好感，拉近彼此的距离。

再说，关心对方的亲人，哪怕对方原本对你有成见，并不乐意帮你办事，但只要他的亲人动了心，在一旁帮你说说话，吹吹枕边风，这掌握决定权的人耐不住亲人的软硬兼施，也常常不得不让步。比如下面这位后勤主任。

温强是一家外贸公司的一名职员，工作三年有余，虽没有一官半职，但业绩不错，是公司的重点培养对象。

公司准备分配最后一批公房，温强正打算结婚，于是，一知道消息便交了申请，可是，后勤的负责人告诉他，由于资历尚浅，没有希望分房。

温强一听，急了，“单位里占着两套房的人有的是”，想着自己连一间房也分不到，他越想越生气，一怒之下，他撬开一套公房的门，住了进去。

单位领导得知此事，大为恼火，勒令温强退房，在遭到坚决拒绝之后，公司对他进行了处罚：停发工资、取消年终奖、行政记过一次。

三个月后，温强的生活陷入了困境。因为装修房子、买家具几乎花光了他的所有积蓄。

有老同事开导温强，叫他去找单位后勤主任认错，至少把工资给发下来。

走投无路之下，温强去见了后勤主任，但主任根本不理他。连着一周，他天天去。依然没用。

温强见主任的夫人是个善良的人，便趁主任不在的时候，向她诉苦，博得她的同情，又帮她干活，赢得她的好感。

通过聊天，温强得知主任上初中的小女儿数学不好，让主任夫妇很担心，便主动提出给孩子补课。

此后，温强便趁主任不在家的时候去给小女孩补数学，一周三次。也许是他的方法得当，也许是他的鼓励有效，一个月不到，小女孩的数学成绩就有了很大的进步。两人的关系也日渐融洽，最后竟像朋友一样。当然，主任夫人也从同情他到感激他，并喜欢上了他。

此后一个多月的时间里，温强再没去找过后勤主任，但背地里却坚持到主任家，给主任的孩子补习功课。

终于，有一天，单位通知温强交一份检讨书和一份困难补助，说是要给他补助几百元生活费，只要他交上检讨书，单位就撤销停发工资的决定。

这消息一传开，同事们纷纷猜测，说领导一定是看在他过去的业绩上，才改变处分决定的。

只有温强自己清楚，是后勤主任的夫人和孩子替自己说了好话。也就是说，让温强从困境中爬出来的不是他过去的成绩，而是他现在的感情投资，是他对人们心理的了解与利用。

对关心自己的人心存感激，这是人之常情。即使对方是你的敌人，只要他知道你曾经或者正在关心他最亲近的人，即便他不能把你当作朋友，他也不可能再与你为敌。

要知道，亲人之间总是心连心的。只要你心诚，关心到位，另一颗心就不能没有感觉。不信，试试看？送礼物给对方的亲人、为对方的亲人发挥一己之长、以己之便给对方亲人提供方便。相信，你所期望被打动的那个人不会没有反应。

人际关系的心理学

人人都有亲人，都会关心自己最亲近的人，一旦发现了别人也在关心着自己所关心的人，大都会产生一种无比亲近的感觉。人际交往中，利用人们的这种心理，从关心对方最亲近的人着手，可赢得对方的好感，拉近彼此的距离。

为人处世的潜规则

8

示以更大的不安，降低对方的期望值

某公司今年的盈余大幅滑落。马上要过年，照往例，年终奖金最少加发两个月，多的时候，甚至再加倍。而今年算来算去，顶多只能给一个月的奖金。

“让多年以来被惯坏了的员工知道，士气真不知要怎样滑落！”总经理也愁眉苦脸了。

董事长神秘地说：“我有个办法可以一试！”

没两天，公司突然传来小道消息“由于营业不佳，年底要裁员。”顿时人心惶惶了。每个人都在猜，会不会是自己。

但是，没几天总经理就宣布：“公司虽然艰苦，但大家同一条船，再怎么艰难，也不愿牺牲共患难的同事，只是年终奖金，绝不可能发了。”

听说不裁员，人人都放下心头上的一块大石头，那种不至于卷铺盖的窃喜，早压过了没有年终奖金的失落。

眼看除夕将至，人人都做了过个穷年的打算，彼此约好拜年不送礼，以共度时艰。突然，董事长召集各单位主管紧急会议。

看主管们匆匆上楼，员工们面面相觑，心里都有点七上八下。“难道又变了卦?”

没过几分钟，主管们纷纷冲进自己的单位，兴奋地高喊着："有了！有了！还是有年终奖金，整整一个月，马上发下来，让大家过个好年！"

整个公司大楼，爆发出一片欢呼，连坐在顶楼的董事长，都感觉到了。

得此皆大欢喜的效果，全仗于董事长攻心有术。他利用了人们普遍存在的一种心理，那就是"比上不足，比下有余"。

几乎人人都有"比上不足，比下有余"的心理。从出生到这个世界，大家似乎无时无处不在被人比、与人比、与自己比。比吃，比穿，比老爹的权力、老公的钱包、老婆的脸蛋、孩子的成绩……比自己的过去与现在、理想与现实。

因为"比"，烦恼多多，也因为"比"，没有了烦恼。

难道不是吗？我们安慰别人的时候，或者自我安慰的时候，不总是说"比起××，真是不幸之中的万幸"吗？

"不小心摔了一跤，但只是破了点皮，没有伤筋动骨，万幸万幸。"

"经济不景气，公司取消了部分福利，但没下岗，万幸万幸。"

"考上研究生，导师换了，但总算考上了，万幸万幸。"

有人甚至说，"钱包被偷了，但小偷退还了身份证，不用再费时费钱办证了，万幸万幸。"

人们的这种心理，无疑是在寻找让自己接受现实的理由。

一些管理人事的部门，就巧妙地利用职员的这种心理，让原本棘手的人事调动问题迎刃而解。

某公司人事有变动，为了避免可能由此产生的人事纠纷，公司决定把一位原本有望晋升的职员调到外地去工作。

人事部经理找来这名职员，对他说："集团可能会裁员，力度会很大，你们部门也在裁减之列，但是考虑到你在公司工作这么多年了，没有功劳还有苦劳，所以经过我们的争取，把你留了下来，只是工作地点有变化，要到外地。你看看有什么困难吗？"

那个职员听了这番话，先是一惊，继而一喜，哪还有心思抱怨，屁颠屁颠地连连点头，"谢了，谢了，一定尽心尽力把工作做好。"

说不定，在回家的路上，他非但不沮丧，还一个劲地偷着乐呢。

从某个角度来看，这位职员就是那种"比上不足，比下有余"心理的受害者。不过，从另一个角度来看，他也是受益者。试想，如果他知道自己本来应该升迁却中途被人挤下来，本来应该在原部门却成了别人的替罪羊，那他的心境该有多糟糕啊！

——人—际—关—系—的—心—理—学——

“比上不足，比下有余”心理，几乎人人都有这种心理。人们的这种心理，无疑是在寻找让自己接受现实的理由。为了让对方接受不利的状况，不妨先告知可能有一个更不利的状况。这样，对方就会欣然接受。

——为—人—处—世—的—潜—规—则——

第十章

同甘共苦，齐心协力

李嘉诚说，如果没有那么多人替我办事，我就是有三头六臂，也没有办法应付那么多的事情，所以成功的关键是要有人能够帮助你，乐意跟你工作，而要让人愿意与你齐心协力，其中最大的资产就是“诚”字。这个“诚”字就要求你能做得到与人同甘共苦。

1

直呼其名，缩短与对方的心理距离

在爱情片中，我们常常看到男女主人公这样的对白：不要叫我××，叫我阿×吧。

看到这，你就知道，两人的关系发生了变化，至少某一方希望另一方认为两人的关系发生了变化。

在平常生活中，你可能听到这样的话，也可能对别人说这样的话：不用称我老师，叫我名字就行了。听了这话或说了这话，你或他（她）便感觉彼此的关系进了一步。

为什么？因为彼此的称呼与彼此的心理距离有关。也就是说，两个人称呼的改变，通常意味着两个人心理距离的变化。

众所周知，对初次见面的人，一般会以对方的姓加上头衔，如×经理、×大夫、×老师等，而不直接以名字相称。时间长了，相处久了，熟悉了，才会直呼其名。也就是说，以名字相称是建立在两人相对亲密的关系上的。

从心理学角度来讲，当两人心理上的距离愈来愈靠近时，他们的称呼法也从头衔到姓，到名到昵称。

不过，在生活中，我们也常常看到，某个人与另一个人虽然见面不久，关系不算是亲密，但他也以名字或昵称来称呼对方。这意味着什么？意味着他希望尽快拉近与对方的关系。

这也是政治家们将对手“化敌为友”的惯用手法。面对一个素未谋面的人，他们也能够用一种非常自然非常亲切的口吻喊出对方的名字。

比如美国的里根总统和日本的前首相中曾根康。他们初次会面，对中曾根康，里根总统直呼其名，叫他“康弘”。对里根总统，中曾根康也同样直呼其名。其实，日本人并没有直呼其名的习惯，中曾根康之所以违背自己的民族习惯，无非是想强调两国的友好，希望会谈能在亲密友好的气氛中进行。

在生活中，这种手法也能为我们所用。

通过改变对对方的称呼，或请求对方改变对自己的称呼，以改变自己与对方的心理距离。

比如，遇到一个难以接近的朋友，你试图接近他（她），不妨直呼其名或者请他（她）直接叫你的名字。

面对你的同事，你希望与他（她）走得更近，不妨偶尔称呼他（她）的昵称或让他（她）用你的昵称。

当然，你要表现得尽可能地自然，不要让对方感觉你是在装腔作势。如果真能那样，你们的距离就能因此而拉近，事情便很容易解决。

——人—际—关—系—的—心—理—学——

从心理学角度来讲，当两人心理上的距离愈来愈靠近时，他们的称呼法也从头衔到姓，到名甚至到昵称。这说明，在一定程度上，两个人彼此的称呼也可反映出两人的关系。若想改变与他人的距离，不妨改变对他人的称呼。

——为—人—处—世—的—潜—规—则——

2

想要轻松说服对方，只需无所顾忌地靠近对方

警匪片中常有这样的画面："说，你都干了什么？"隔着一张桌子，两警察在审问坐对面的嫌疑犯。

"什么也没干。"嫌疑犯理直气壮地回答。

"什么也没干？"一名警察站起身，走到嫌疑犯身旁，扶着椅背，低下头。

"我真的没干。"嫌疑犯抬头一看，开始有些不安。

"真的什么都没干？"警察俯下身，将头部贴近嫌疑犯。

"我……"嫌疑犯更不安了，他低下头，试图避开警察的逼问。

"说，不说我宰了你！"这时，警察发火了，一把抓住嫌疑犯的衣领，与他面对面，眼睛对眼睛。

"我说，我说……"对视了几秒钟，嫌疑犯支撑不住，招供了。

有经验的警官知道，审讯犯人时，最适合的座位就是紧靠着犯人身边的位置。与犯人之间最好不要隔着桌子，而且在审讯过程中，逐渐逼近犯人直到两人之间再无间隙时往往会取得最好的效果。

你知道其中的缘由吗？警察的步步逼近是为了让犯人感到了一种强大的

威慑力，令其不安而不敢继续说谎。法庭上检察官或律师绕过桌子走到证人面前，几乎将头部贴近证人进行提问，也是出于同样的目的，也能取得同样的效果。要知道，人际交往中，空间距离也是一种交际语言。改变与对方的空间距离就能改变对方的感觉与态度。

一般而言，人们的个体空间需求大体分为四种：亲密距离、个人距离、社交距离、公共距离。

亲密距离是指两人的身体很容易接触到的一种距离，一般间隔在 15～45 厘米之间，甚至可以紧挨在一起，亲密无间。这一距离适用于情人间谈情说爱，也适用于父母与子女之间或是很要好的朋友之间谈话。

个人距离比亲密距离稍远一点，一般在 45 厘米至 1 米之间。其特点是伸手可以握到对方的手，但不容易接触到对方的身体。通常熟人朋友间的交谈多采用这种距离。

社交距离的范围比较灵活，近可 1 米左右，远可 3 米以上。这种距离通常用于与个人关系不大的人际交往。

公共距离是指人们在公共场合的空间需求，除了公共汽车、电梯等特定场合外，一般都在 3 米以外，如演讲者与听众、教师讲课与学生之间的距离等等。

空间距离的改变通常意味着某种暗示。正常的情况下，人与人交往，彼此会保持恰当的空间距离。出于某种特殊的目的，人们可能故意改变彼此的空间距离，比如缩短或扩大。

通常，关系一般的人交往，一方故意缩短空间距离，表明他希望能消除彼此的生疏感；一方故意拉大空间距离，表明他不想理睬对方，从心理上疏远对方。

当然，在改变距离时，动作的不同还暗含着意思的不同。比如，同样是缩短空间距离。如果你毫无顾忌地逼近对方，可能会给对方一个处于绝对的优势的暗示。反之，你面带微笑、小心翼翼地靠近对方，就会给对方一个试图亲近的暗示。

第一种改变，可能给对方造成威慑，快速摧毁对方的心理防线，令对方妥协；第二种改变，可能让对方感觉你的靠近是友好的，也容易对你产生好感、亲近感。

与人交往时，如果我们想在心理上占有优势，不妨在空间距离上有意地做出一些假象。

比如，为了说服对方，故意毫无顾忌地靠近对方。

曾经有这么一个调查。调查的对象是那些在大街上散发调查表的人员。调查的问题是“有求于陌生人时采取什么样的方式更有效?”。

结果显示，在较近的距离(40 厘米左右)内恳切请求比保持稍远的距离(1 米左右)更有效，能够得到更多的响应。而在 1 米以外无论怎样恳切地请求都不会有什么效果。

这个调查进一步证实：有意地缩短与对方的距离是轻松说服对方的一种方法。

这一方法，可用于工作中的方方面面。比如说服顽固的下属，说服强硬的谈判对手。

在公司，有的下属很顽固，你说东，他偏往西。作为管理者，对于这种下属，不要远远地吩咐他，把他叫到你的办公室，让他走近你，盯着他的眼睛，一字一句地告诉他你的要求。以这种方式提要求，对方通常不敢违抗。

面对谈判对手，你也可以如法炮制。谈判时，当你觉得应该加强说服力时，绕过桌子靠近对方或突然从座位上站起身来并加重语气。虽然这都只是一些很简单的动作，但却会产生很强的说服力。

人际关系的心理学

人际交往中，空间距离也是一种交际语言。改变与对方的空间距离就能改变对方的感觉与态度。与人交往时，如果我们想在心理上占有优势，不妨在空间距离上有意地做出一些假象。比如，毫无顾忌地靠近对方以说服对方。

为人处世的潜规则

3

尽量不说“你”、“你们”，而说“我们”

一家工厂亏损严重，濒临倒闭。为了扭亏为盈，省里频频更换厂长，然而，始终无济于事。往往是新来一个领导，大家新鲜几天，新鲜劲儿过了，大家看不到希望，又恢复原样，迟到、早退、上班织毛衣、打牌的比比皆是。

后来，一位深谙心理战术的管理者接手了这家工厂。新官上任三把火，任职的第一天，他召开员工动员大会，开展思想工作：

“有人说，我们现在就是拼命也徒劳无益，不过是垂死挣扎，这是没有道理的。想想看，几年前，我们还是省里的创税大户，我们不比别人差，只要我们拼命，要不了几年，我们又将成为创税大户……”

新厂长的一席话像一颗重磅炸弹，在那些忧心忡忡、心灰意懒的员工中爆炸了。

会后，大家交头接耳，都觉得这新来的领导与众不同，似乎在突然之间，整个厂子的气氛就发生了改变，迟到的人少了，上班打牌的人少了，主动加班的人多了，给领导出点子的人多了……

结果，一年过去了，这个工厂不仅没有破产，还扭亏为盈，正如这位管理者所预言的，几年后果真又成为了省里的创税大户。

为什么新厂长短短的几句话能产生如此大的威力？

是这位管理者的话充满信任与鼓励吗？是，但还不完全是，每一位新上任的管理者都会开大会鼓励大家一番，可效果并不理想。

那这位管理者的特别之处在哪里呢？

在于与员工见面的第一天，他就把自己置于这个不被人看好的团队之中，他左一个“我们”，右一个“我们”，让员工们产生了一种很强的集体归属意识，同时，也化解了员工因为对自己所属集体的不满而产生的自卑感。

也许你会怀疑这一说法，我们不妨先来看看在美国进行的一个试验。

在试验中，把学生分成自尊心或自豪感较强的组（一组）和较弱的组（二组），让他们看完他们所在学校之间的体育比赛后，询问对比赛结果的看法。

在第二组的学生中，胜方的学生比败方的学生更多地使用了“我们”这一词，而第一组的学生则没有这样的差异。

这说明，“我们”能增强人们的集体归属意识，强化大家的集体荣誉感、自豪感。

自尊心不强的学生由于他们所在的学校获胜，就无意识地强调“我们队”，说明他们通过这次胜利接受了洗礼，恢复了自尊心。

可以说，“我们”这两个字的魅力已超出了我们的想象，不可小视。

自古以来，有许多政治人物或领导者，就是利用“我们”策略来笼络人心、化敌为友。

第二次世界大战的德国的希特勒、意大利的墨索里尼等都属这类人物。他们在演说中频频使用“我们”、“我们大家”等字眼，以致一呼百应，很轻松地就煽动了群众热情的火焰。

频频使用“我们”，为什么能达到这样的效果？

从心理学角度来讲，“我们”是具有共同意识的字眼。

每个人的内心都存有或多或少潜在的“自我意识”，所以一般都不愿意受到他人的指使。一旦一个人认为你是在说服他，他的自我意识会变得更为强烈，就更不易向你妥协，即使你说得天花乱坠、头头是道，在他看来你也只是在为你自身的利益作一场表演而已，他自然不会听取你的高见。

如果这时候，你能使用“我们”这一字眼，就会立刻使对方认为彼此利益一致，原本坚不可摧的心理防线也就不攻自破了。

自我意识愈强的人，愈容易被对方这种“我们”的说话策略所催眠。

前面提及的这位新厂长便是巧妙地使用了这一技巧。在员工大会上，他频频使用“我们”这两个字，笼络了员工的心，让他们产生了“命运同一”的集体归属意识。

在生活中，如果你想说服对方，应尽量避免说“我和你”，而多多使用“我们”、“我们大家”等这类共同意识的字眼。这样，对方才会产生你我一体的共同意识。

对于那些立场与自己原本不一致的人，这种策略也适用。

比如推销员，面对客户，在提到客户公司时说：“我们公司……”这样让对方产生错觉，让听者感觉，这是我们大家共同的事情，并非某一个人的事情。

对于立场敌对者而言，这个策略也很有效。

面对打算攻击你的人说“我们”，会让对方陷入迷惑，搞不清你的立场为何。这时，即便对方要攻击你，也会投鼠忌器或无法全力以赴。

总而言之，说话时一定要常用“我们”、“我们大家”，少用“你”、“你们”。这样，你的敌人会越来越少，朋友会越来越多。

——人—际—关—系—的—心—理—学——

从心理学角度来讲，“我们”是具有共同意识的字眼，能增强人们的集体归属意识，强化大家的集体荣誉感、自豪感。在说服一个人的时候，多多使用“我们”这一字眼，可让对方产生共同意识，认为彼此利益一致，从而说服有效。

——为—人—处—世—的—潜—规—则——

4

对于初次见面的人，多谈谈彼此都熟悉的人或物

如果两人初次见面便发现彼此有共同熟悉的人或物，就很容易一见如故，进而相携相帮。

毕业在即，一名大四的学生去一所中学求职，刚报出自己的专业，人事主任就皱了皱眉头，告诉他希望不大，因为学校不缺这个专业的老师。

这名学生不甘心就此放弃，还是很恭敬地呈上了自己的简历。

人事主任拿过简历，突然眼睛一亮，问道："你老家是××县？"

毕业生人很机灵，一看，一听，马上反应：这位主任与自己的家乡有渊源！因为求职的城市位于北方，自己的家乡深处南方，很偏远，一般人都不知道有这么一个小县城。

于是，他追问道："您去过那里？您有亲戚在那里？"

"我外婆家就在小县城住。我五年前还去过那。"

毕业生一听，心中狂喜，他想，太巧了，机会来了。

"您外婆家住哪？说不定离我家很近呢？"

"××小学，你知道吗？小学旁边的居民区。"

"知道，我们家就住在小学里。小学和居民区之间有一棵大树，很大很大，要三个大人才能合抱。"

“对，对，我上次暑假去，还在树底下坐了好一阵儿呢。”

就这样，毕业生与这位人事主任聊了起来，聊小县城近年来的变化，聊春节家家户户放鞭炮的热闹，甚至聊到了县城里最有特色的小吃。

结果，毕业生参加了试讲，并很快接到了受聘通知。后来，他才知道，自己专业的名额只有一个，他试讲的分数位居第二，但最后学校录取了他。

是谁帮了他？可以说，是那位主任，但从另一个角度来讲，是他自己。

因为，无意中，他抓住了双方的共同点，唤醒了对方的“共同意识”。

也许你也有过这样的体验，新到一个单位，遇到一位同事，知道是校友，便感觉很亲近；新到一座城市，人生地不熟，遇到一位老乡，便感觉特别亲热。

这其中，起作用的就是“共同意识”。对与自己有共同点的人另眼相待，这是人们普遍的心理。

校友之所以让你感到亲近，是因为你们有彼此都熟悉的老师或同学；老乡之所以让你亲切，是因为你们有彼此都熟悉的街道和乡音。

一般说来，对于初次见面的人，人们通常会抱有警戒心，不过，一旦发现对方自己有某些共同点，警戒心就很容易地随之消失，信任感随之增强。

从这个角度来讲，“共同意识”恰似人际关系的润滑油。

与人初次谋面，如能找到彼此的共同点，比如共同的经历、共同的爱好、共同的熟人、共同熟悉的事，然后谈论它。这样，彼此的感情很快变得融洽起来，话就好说，事儿就好办了。

那么，如何找到自己与对方的共同点呢？很简单，了解与观察。

如果你是有准备地与人见面，不妨在见面之前，了解一下对方的背景，是否是你的老乡、校友？是否与你同年龄、同出身、同职业？是否与你有共同的兴趣与爱好？

如果你没有准备地见到一个人，见面时，就要留心观察。通常，一个人的心理状态、兴趣爱好、身份地位等等，在他们的服饰、谈吐、举止、工作环境等方面都或多或少地有所表现。通过观察，你可以得知对方是否与自己有同样的爱好、同样的追求，同样的困惑等等。

比如，一位供销员到某厂联系业务。一进厂长办公室，只见墙上挂了几幅装裱精致的书法长幅，仔细一看，是篆书，便同厂长谈起来：“厂长，看来您对书法一定很有研究。唔，这幅篆书写得好！称得上‘送脚，如游鱼得水；舞笔，如景山兴云’。妙！看这里悬针垂露之法的用笔，就具有多样的变化美。好，好极了！”

厂长一听，此人谈吐不俗，还懂汉代曹全的悬针垂露之法，一定是书法同好，连忙热情地招呼说：“请坐，请坐下细谈。”

等后来谈论业务时，自然就“好说”多了。

——人—际—关—系—的—心—理—学——

“共同意识”，对与自己有共同点的人另眼相待，这是人们普遍的心理。与人初次谋面，如能找到彼此的共同点，比如共同的经历、共同的爱好、共同的熟人、共同熟悉的事，然后谈论它。这样，彼此就能产生“共同意识”，从而距离缩短、融洽感情，让话好说、事好办。

——为—人—处—世—的—潜—规—则——

5

讲述相似的经历，让对方有自己人的感觉

要想得到对方的信任，让自己的的话更有说服力，只要想办法让对方把自己视为“自己人”就行。

有一个孩子名叫二顺，是一个惯偷，年仅15岁。二顺小偷小摸不断，进收容所多次，却屡教不改。他无父无母，是个孤儿，祖父母不要他，他便自暴自弃，把进收容所、劳教所当作家常便饭。从收容所、劳教所出来就露宿街头。

面对这样的孩子，当地的居委会，团组织都多次派人帮助他、教育他，做他的思想工作，鼓励他改掉坏习惯，重新做人，可这些话都让他当作了耳旁风，仍旧恶习不改。

派出所新调一位老所长，听说了这个孩子的情况后，找了一个青年去帮助这个孩子。

这个青年刚见到二顺时，二顺以为他还和以前来过的很多人一样，根本不予理睬，露出一副挑衅的神态。

青年人全都看在眼里，但不予理会。他坐在二顺的对面，说：“我知道你心里怎么想的，你觉得自己已经成了这个样子，即使改好了，人们也会看不起你。其实，我小时候的情况比你还不如。我10岁时母亲去世了，父亲再婚，继母对我非常坏，经常打我，不给我饭吃。我从家里跑出来混街头，偷人东西骗人钱，几次进劳教所，我父亲彻底不要我了，我也觉得自己完了。直到16岁那年，我遇到了现在的派出所所长，他把我领回家里，让我住在他家里，告诉我人应该堂

堂正正地活着，他还教我念书识字。在他的感召下，我重新走上了正常的人生之路。现在，我是公交公司的一名司机，半年前妻子刚刚给我生了一个女儿，我们一家人生活得美满幸福。”

青年刚开始说话时，二顺根本不在意，逐渐地，他对青年人的话有了反应，不时表现出激动之情。听完青年人说的这番话，二顺急忙问：“大哥，你说的是真的吗？我这样也能改好吗？”二顺已被青年人说动了心。

此后，青年人经常与二顺谈心，帮助他，最终，二顺改邪归正了。

青年人并非比别人更善于做说服工作，但他却说服成功。为什么？因为他让二顺产生了“自己人心理”。

何谓“自己人心理”？

“自己人”的一个含义，是同类人。也就是说，你这样的经历我也有过，你的错误我也犯过，你这样的想法我也有过，等等。

人们常说：要信就信自己人，要帮就帮自己人！一个人，一旦认为对方是“自己人”，则另眼相待，这就是“自己人心理”。

人人都可能有“自己人心理”，在生活中，“自己人效应”很是普遍。

本专业的教师向大学生介绍一种工作和学习的方法，学生比较容易接受和掌握。相反，其他专业的教师向他们介绍这些方法，学生就不易接受。

听众对于他喜欢的讲演人所宣传的观点，接受起来既快又容易，而对于他所讨厌的宣传者维护的观点却本能地加以抵制。

不难看出，“自己人效应”与社会心理中的“喜欢机制”，是一脉相承的。

喜欢使人们倾向于寻找平衡，这首先意味着人们喜欢那些和他们相似的人。对于影响的相似性来说，两个人必须能发现他们有相同的价值观和态度。我们总是喜欢那些价值观、态度、经历等与自己相似的人。一个人在许多问题上与自己看法相似，我们就喜欢他，意见越一致，就越喜欢。

正如上面这个例子，二顺听青年人讲述自己的经历，他心里一惊：与我多相似啊！于是，先前的排斥心理一下子便消失，信任感油然而生，说服自然有了效果。

“自己人心理”的形成是有一定的基础的，比如有过相同的经历、相同的志向、相同的价值观、相同的信念、面临相同的问题等等。

当然，在很多时候，你会发现，从许多方面来看，对方并非你的“自己人”，不过，即便如此，你也不必发愁，因为你可以适当伪装，或编一些善意的谎言，成为对方的“自己人”。像温森特·凡高那样。

温森特·凡高是19世纪末欧洲最杰出的艺术家之一。他曾在博里纳日做过一段时间的牧师。

博里纳日是个产煤的矿区。在这个地区,几乎所有的男人都下矿井。他们在不断发生事故的危险中干活儿,但工资却低得难以糊口。他们住的是破烂的棚屋,他们的妻子儿女几乎一年到头都在里面忍受着寒冷、热病和饥饿的煎熬。

温森特被临时任命为该地的福音传教士时,他找了峡谷的最下头的一所大房子,并和村民一起拿麻袋去装了很多煤渣,在房子里烧起了炉子,以免房子里太寒冷。

之后,温森特登上讲坛,开始布道。渐渐地,博里纳日人脸上的忧郁神情渐渐消退了,他的布道受到了人们的普遍欢迎。这似乎表明,作为上帝的牧师,他已经得到了这些满脸煤黑的人们的充分认可。

是什么原因让自己这么快就得到了博里纳日人的认可呢? 温森特百思不得其解。

最后,他回到自己的住处。正当他准备用从布鲁塞尔带来的肥皂洗脸时,脑海中突然闪过一个念头。他跑到镜子前面端详着自己,看见前额的皱纹里、眼皮上、面颊两边和圆圆的大下巴上,都沾着万千石山上的黑煤灰。

“当然!”他大声说,“这就是他们对我认可的原因所在,我终于成了他们的自己人了!”

他把手在水里涮了涮,连洗都没洗就去睡了。留在博里纳日的日子里,他每天都往脸上涂煤灰,从而使自己看上去更像博里纳日人。

看来,要想成为对方的“自己人”,并非难乎其难,只要你稍稍用心。

人—际—关—系—的—心—理—学

“自己人心理”:对与自己有相同经历、相同想法的人另眼相待的心理。“自己人效应”与社会心理中的“喜欢机制”一脉相承。人们喜欢那些和他们相似的人,那些经历、价值观、态度等与自己相似的人。而且越相似,就越喜欢。

为—人—处—世—的—潜—规—则

6

对对方的兴趣表示兴趣，他自然对你感兴趣

汤姆是纽约一家高级面包公司的老板，他一直试着把面包卖给某家大饭店。一连4年，他不停地给这家饭店老板打电话，同时也去参加饭店的社交聚会。他甚至还在该饭店订了一个房间，以方便与老板交谈。不过，饭店老板似乎铁石心肠，一点不为其所动。

不得已，汤姆决定改变策略，把饭店老板本人作为突破口，于是，他开始收集饭店老板的个人资料，从中，他发现了饭店老板最感兴趣、最热衷的东西。原来，饭店老板是一个叫做“美国旅馆招待者”的旅馆人士组织的一员，并且担任该组织的主席。汤姆还了解到，饭店老板对该组织的活动相当热情，不论会议在什么地方举行，他都会出席，即便跋山涉水。

此后，再次见到饭店老板，汤姆没有提及卖面包的事，相反，他绕有兴趣地谈论起饭店老板的旅馆人士组织。

令汤姆大为吃惊的是：一谈到该组织，饭店老板一反常态，语调热情，笑容满面，对着汤姆滔滔不绝，足足说了半个小时。当汤姆离开他的办公室时，他还把自己组织的一张会员证给了汤姆。

过了几天，那家饭店的厨师长打电话给汤姆，要他把面包样品和价目表送过去。

见到汤姆，厨师长说：“我不知道你做了什么手脚，但你真把老板说动了。”

就这样,汤姆做成了这笔大生意。后来,他还与这位老板成了好朋友。

回忆这次交易,汤姆说:“想想看!为了做成饭店的大生意,我想尽了办法,缠了他四年,没想到,问题竟然这么简单地解决了,不过是找出他的兴趣所在,并与他谈论这一兴趣。”

“找出对方的兴趣所在,并与之谈论这一兴趣”,这正是不少人求人办事成功的秘诀。

要知道,我们每个人最感兴趣的不是别人,而是自己!

举一个最简单的例子,如果拿到与别人的合影,你首先会搜寻谁的面孔?不用说,当然是你自己。为什么呢?因为,你最在意的是自己。不光是你如此,其他人也同样如此。

如果你不相信这一观点,不妨来看看拿破仑·希尔做过的一个实验。

在一个讨论青少年自尊的研讨会上,拿破仑·希尔邀请了8位自愿者参与“身份”游戏。他发给这8个人每人一块纸板做成的“身份”卡,以显示他们在生活中的假想身份。这些假想身份包括:婴儿、太空人、工友、摇滚歌星、棒球选手、医生、律师。然后,要求这8个人按照重要性对这些假想身份进行排列。

结果,这个本来纯粹为了好玩的游戏,却变成了“星球大战”。这8个学生你推我挤,展开了一场严肃的“身份争夺”战。

“太空人”首先站到排头,他说:“我应该排在最前面,因为我去过的地方,你们其余的人都没有去过。此外,我也将为人类寻找另一处可居住的地方,因为地球现在太拥挤了!”

“摇滚歌星”走了上来,把“太空人”推挤到第二位,他说:“我早已到了‘外太空’,我赚的钱最多,而且还可以把你买下来,担任我私人喷射机的驾驶员。”

这时,“棒球选手”走了上来,“我想,我应该排在最前面。我所赚的钱和摇滚明星一样多,而且,在每个球季的晚上,都在大群观众面前比赛,从事健康活动,这对你们有莫大的好处。”

这时候,轮到“医生”走到排头了。“我应该排在第一,因为在你们受伤或生病时,我负责替你们医治,而且,我赚的钱也不少。”

律师走了上来。“我才是最好的,因为我能使你坐牢,或者使你不必坐牢,你们必须把所有的钱拿来付给我。”

“母亲”走了上来。“我才是最重要的。因为是我把你们所有的人带到这个世界来的。”

“婴儿”也走了上来。“我应该排在第一位，因为我们所有的人都曾经是婴儿，然后，我们才能成为母亲，或成为任何人。”

最后只剩下“工友”。似乎就担任“工友”的这位学生，知道不必与大家去争名次。

这说明了什么，说明世界上人人都以为自己最为重要。

对于这一观点，纽约电话公司的一项调查也予以了证实。该公司为调查人的通话中使用次数最多的是哪个词，详细调查了人们的通话。结果发现，这个词是人称代词“我”。

“我”字在500次电话通话中使用了3990次。“我”，“我”，“我”……

显然，最在意自己、对自己最感兴趣，这是人的天性。

因为这一天性，当某人主动引出话题谈及我们的兴趣时，我们通常会喜形于色。哪怕我们明知对方并不是真的感兴趣。

因为这一天性，在意对方所在意的，是让对方在意自己的最佳办法。换句话说，要让对方对你感兴趣，最好的办法就是对对方的兴趣表示兴趣。

暗暗了解对方的兴趣所在，然后热情地与其谈论，有谁能不感到意外、高兴呢？而人一高兴，还有什么事情不好说、不好办呢？

——人—际—关—系—的—心—理—学——

最在意自己、对自己最感兴趣，这是人的天性。因此，求人办事时，找出对方的兴趣所在，并与之谈论这一兴趣，更容易成功。

——为—人—处—世—的—潜—规—则——

7

创造共同体验的机会，缩短彼此的距离

还记得世界爱情经典名片《魂断蓝桥》的开头吗？第一次世界大战期间，在滑铁卢桥上，警报声拉响了，一声紧似一声，即将奔赴法国战场的英军上校罗依·克劳宁遇到了舞蹈演员玛拉，两人一起躲进了防空洞。在拥挤的人群中，他俩四目相对，爱上了对方。

不用说，这是一见钟情的魅力，其实，也体现了共同体验的魔力。

两人共同体验了危险，亲密感油然而生，彼此的关系就此发生了质变。

也许有人会说，这是电影，是艺术，不是现实生活，那么，我们来看看下面这个真实的故事：

一对青年男女，高中同学三年，关系很是一般。上了大学，第一学年第一学期也没有书信交往。然而，大一还未结束，两人就恋爱了。

两人恋爱的消息传出，同学们都很震惊，因为这事来得太突然。在此之前，没有谁察觉到一点蛛丝马迹。

后来，还是这位男生自己爆料，大家才明白了事情的缘由。

原来，大学第一学期暑期放假，高中同学聚会，十几个人去爬山，他们俩也在其中。下山时已近黄昏，刚好遇到了一群地痞上山，似乎喝醉了酒，双方不知怎么着打了起来。男生们让女生们先跑，这名女生体质差，跑得慢，落在了后面，这个男生就帮她拎包，拉着她，两人一起跑到了山的另一面，才发现与其他同学走散了。

后来，两人摸黑下了山，男生把女生送回了家。此后，两人开始交往，返校后互通书信，关系一天天近了起来，好了起来，自然而然地发展到了恋人关系。

想想也是奇怪，两个人的终身大事竟然因偶然拥有私密的共同体验而促成。

在日常生活中，共同体验使两个人关系贴近的例子随处可见。

比如，两兄弟冰释前嫌，重修旧好，原来是在父母面前，一个替另一个撒谎，使其免于挨打。

两个同学关系特别好，原来是一个发现另一个抄了自己的作业，但未向老师告发。

两个同事突然好了起来，原来是不久前单位组织外出，两人同时被困在了旅馆的电梯里长达半个多小时。

诸如此类的行为，在两个人之间形成了“天知地知、你知我知”的共同体验。通常，这种共有体验的私密性越高越特殊，两人的关系也就越亲密。

这是为什么呢？从心理角度来讲，当人遇到困难时，其潜在的意识里会产生一种“喜欢自己”的心理。所以在这种爱自己的延长线上，喜欢类似自己的人的潜在心理就更为强烈。

利用这种心理作用，从彼此间共同拥有的经历中，能引导出他人的好感。有时，因为拥有共同体验，即使是彼此生疏甚至含有敌意的两方，也可能彼此认同、成为知己。

《红楼梦》中的黛玉，孤傲清高，对于宝钗与宝玉的亲近，心酸嫉妒，把宝钗视为“情敌”、“心腹之患”，因而每有机会，黛玉总要对宝钗贬损一番。然而宝钗总是采用恰当而巧妙的办法予以化解。

有一次，贾母等人猜拳行令随意玩乐，黛玉无意中说出了几句《西厢记》和《牡丹亭》中的艳词。这类剧本在当时是禁书，黛玉这样的名门闺秀怎么能读禁书，说艳词？这会被人指责为大逆不道。好在许多读书不多的人没有听出来，但此事瞒得过别人却瞒不过宝钗，然而宝钗却没有感情用事，图一时痛快，借此机会让黛玉难堪。

相反，她把这视为自己与黛玉化干戈为玉帛的契机。

到了背地里，宝钗叫住黛玉，冷笑道：“好个千金小姐，好个尚未出阁的女孩儿！满嘴说的是什么？”她先让黛玉感到问题的严重。黛玉只好求饶说：“好姐姐，你别说与别人，我以后再也不说了。”

宝钗见她满脸羞红，不再往下追问。宝钗还设身处地、循循善诱地开导黛玉在这些地方要谨慎一些才好，以免授人以柄。一席话说得黛玉垂下头来吃茶，心中暗服，只有答应一个“是”了。

此后，宝钗守口如瓶，没有向任何人透露一点黛玉失言之事。也就是说，这事除了黛玉自己和宝钗，只有“天知地知”，黛玉由此改变了对宝钗的成见，两人后来竟然成为了知己。

可见，改善与上司、同事、朋友的关系并非我们想象的那么难。只要我们寻找机会、创造机会，共同体验一回。

——人—际—关—系—的—心—理—学——

共同体验可使两个人的关系贴近。共同体验的私密性越高越特殊，两人的关系也就越亲密。从心理角度来讲，当人遇到困难时，其潜在的意识里会产生一种“喜欢自己”的心理。所以在这种爱自己的延长线上，喜欢类似自己的人的潜在心理就更为强烈。利用这种心理作用，从彼此间共同拥有的经历中，能引导出他人的好感。

——为—人—处—世—的—潜—规—则——

8

适当地吐露自己的隐私，令对方产生亲切感

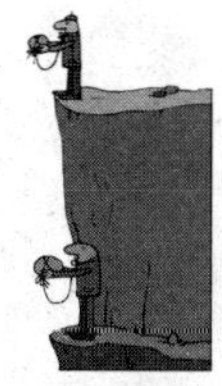

“你哭过吗？”

一次，一位记者在大庭广众之下采访世界垒球王史蒂夫·加夫，突然提出这个问题。

这真是个令人棘手的问题。

人们总说，男儿有泪不轻弹，何况是一个迷住千百万观众的体育明星呢！这个记者在众目睽睽之下提出这个问题，看来，是想暴露垒球王的隐私，借此揭其“非男子汉”之短。

“哭过”，垒球王回答道：“我觉得在某种场合掉眼泪更像个男子汉，因为这表现了你是个实实在在的人。”

结果，球王非但没有在观众面前丢分，反而赢得了更多人的喜爱。

为什么会这样呢？

也许，不论是公众人物还是普遍的人都有过这样的担心：自我暴露自我的缺点、弱点，会使旁人减少对自己的喜欢程度。

但球王的故事恰恰表明：偶尔吐露一点隐私让人感觉亲近，让人喜欢。换句话说，对公众人物而言，保持一定的神秘感很有必要。不过，适当的自我暴露也很有必要。

美国的一个心理学家曾就此进行过一个有趣的试验。

他在纽约市的广播节目中对三个“候选人”的情况进行介绍后，要求听众投票选择其中的一位。

关于第一个候选人的说明是：具有作为政治家的专业资质和学历，具有作为政治家的人际关系；对第二位重点介绍了其迄今为止的政治履历以及其业绩；而对第三位候选人的介绍主要围绕其私生活：溺爱子女，喜欢每天早晨叼着烟斗牵着狗散步等等。

投票结果显示，第三位候选人取得了压倒性的胜利。

究其原因，是第三位候选人让“选举人”感受到了亲近与温存，从而对其产生了喜爱之情。

实验的结果证明：自我暴露会增加喜欢。关于这一点，现实生活中的许多变化也予以了证实。

以往，作为偶像的影视明星，为了维持影迷们对自己的崇拜，总是努力保持个人神秘感，避免让公众知道自己过多的隐私，有许多影星甚至不敢公开自己已婚。

不过，如今，某些影星会故意向公众透露一些自己的小秘密，比如自己的特别的嗜好，种种不为人知的辛酸经历。他们这样做，似乎并没有让公众感觉缺少神秘感而不再喜欢他（她），反而获得了更多的痴迷。

因为，一旦人们觉得某位公众人物也是平常人，与自己生活在同一个世界，有辛酸，有无奈，反而会认为他（她）更真实，感觉他（她）更亲切。

在一般的人际交往中，“适当地吐露自己的隐私”也是一种缩短彼此距离的处世技巧。

乐于和别人推心置腹、襟怀坦白的人，有一种潜在的人际吸引力。一个人，如果乐于对别人敞开心扉，待人以诚，别人也会邀请他进入自己那个神秘的内心世界，并在必要时伸出援手。

同事间的交往也是如此。一般人认为，办公室为是非之地，与同事交往，要有“距离”意识。能不说的尽量不说，能少说尽量少说。其实，这并非上上策。在小小的办公室，同事之间，身体与心灵的距离太近了不好，太远了也不好。在工作之余，与同事聊聊天，偶尔说点自己的“隐私”，可以加深彼此的感情。

你主动跟别人说些私事，别人也会向你说。如果你什么都不想让人知道，什么都保密，谁还会走近你、信任你呢？

当然，无论是对公众人物还是对普通人而言，向外人吐露隐私的自我暴露都是有前提的，那就是适当。

那些自我暴露过早或涉及到太深，来得“太强烈”、“太快”的人，往往不会令人喜欢，反而会让人感到讨厌，恐避之不及。

因为，一方的自我暴露比对方暴露自己时更显得亲密和详细，对方就会害怕过早地进入亲密关系的领域，于是，便会考虑刹车。

因此，在人际交往中，吐露自己的隐私要适当，所谈私事的私密程度要依对象、时间和场所来定。

——人—际—关—系—的—心—理—学——

心理实验证明：自我暴露会增加喜欢。在一般的人际交往中，偶尔吐露一点隐私让人感觉亲近，缩短彼此之间的距离。

——为—人—处—世—的—潜—规—则——

9

制造一个共同的敌人，唤醒对方的合作意识

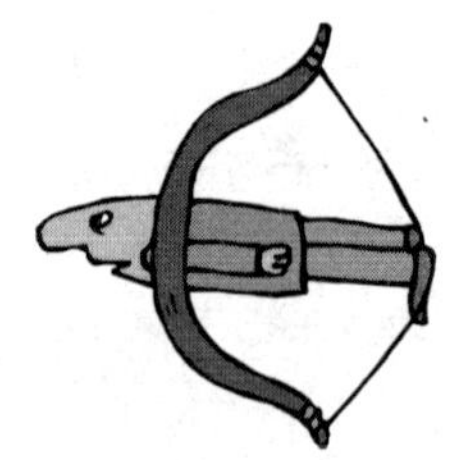

春秋时，吴国和越国经常交战。一天，在吴越交界处河面的一艘渡船上，乘坐着十几个吴人和越人，双方谁也不搭理谁，气氛显得十分沉闷。

船离北岸后，一直向南岸驶去。刚到江心，突然天色骤变，刮起狂风。霎时间满天乌云，暴雨倾盆而下，汹涌的巨浪一个接着一个向渡船扑来。

两个吴国孩子吓得哇哇大哭起来，越国有个老太太一个踉跄，跌倒在船舱里。掌舵的老艄公一面竭力把住船舵，一面高声招呼大家快进船舱。另外两个年轻的船工，迅速奔向桅杆解绳索，想把篷帆解下来。但是由于船身在风浪中剧烈颠簸，他们一时解不开。这时不赶快解开绳索，把帆降下来，船就有翻掉的可能，情势非常危急。

就在这千钧一发之际，年轻的乘客不管是吴人还是越人，都争先恐后地冲向桅杆，顶着狂风恶浪，一起去解绳索。他们配合得很好，就像左手与右手一样。不一会，渡船上的篷帆终于降了下来，颠簸着的船也随之稳定下来。

老艄公望着风雨同舟、共度危难的吴人与越人，感慨地说："吴越两国如果能永远和睦相处，该有多好啊！"

吴国与越国经常交战，吴人与越人原本是水火不容、世代为仇，上船时互不交谈、气氛紧张，为什么后来却前嫌尽释，像一个人的左手和右手那样相互协

作呢？

因为他们遇到了共同的敌人——狂风暴雨。

大风来临，船身在风浪中剧烈颠簸时，双方心里都明白，如果不互相救援，齐心协力，把绳索解开，把帆降下来，船就会翻掉，大家都会没命。在这种情况下，谁还会去计较以前的仇怨呢？

这揭示了人们一种怎样的心理？

人与人之间，哪怕原本对立，一旦出现了强大的共同敌人时，就很有可能解除对立者之间的警戒状态，成为合作伙伴，互帮互助。

上个世纪的国共合作、中美联合，不正是“吴越同舟”的典型吗？

心理学家做过这样一个实验：

以三个人为一组，让他们做简单的“撞球游戏”，比赛得分，淘汰到最后只剩下一个人获胜。如此一来，这三个人就分别构成了敌对的关系。可是，随着比赛的继续进行，这三个人的关系便发生了变化：如果有一个人遥遥领先，那么其他的两个人就会联合起来，阻碍领先的这个人得分。

实验结果显示：大部分的弱者都会把强者视为共同的敌人，联合起来抵抗强者。

换一种思维方式，对立的双方，如果能找到一个共同的敌人，哪怕这个敌人是假想的，也能消除彼此的敌意，唤起彼此的协作意识，从对立关系变为协作关系。

一家工厂的产品销量不错，销售经理请求增加产量，但该厂的生产主管，脾气不好，还顽固不化，死活不愿增加产量。

于是，销售经理对生产主管说：“如果既定的生产指标不能如期完成，我们部门不好开展工作，我们大家都得面对总部的责难。”

结果，生产主管一寻思，还真是这么回事，便改变了态度，积极配合销售部门，按照他们的要求增加了生产。

在现实生活中，为了消除对方的敌意、唤醒对方的协作意识，你完全可以制造一个共同的假想敌。

如果你在商业步行街有一个店铺，要与另一家出售同类产品、实力相差不大的店铺竞争激烈。为了销售额，两家今天你打八折，明天我就打七五折，你买二送一，我买一送一。结果，越战越狠，水火不容，两败俱伤。

这时,你怎么办?继续战斗下去,直到其中的一个倒下、退出?

如果你真这样想,就傻了、完了!两虎相斗,必有一伤。即使倒下的不是你,你也会受伤。你不妨为两家制造一个共同的假想敌,告诉对方"如果我们继续这样敌对的话,只会让××渔翁得利"。

这个假想敌可能是街边新开的一家店铺,也可能是消费者,甚至可能是商业街的管理人员,总之,只要让对方意识到,你们有共同的敌人需要对付,对方就会消除对你的敌意,放弃敌对的做法。

如果你是公司的职员,与某位同事有过摩擦,如今你俩必须共同完成某项工作,你担心对方不合作,不妨对他(她)说:"如果这次的任务完成得不好,我们肯定都会挨批的。"

对方一听,一想,对啊,我们现在是一条绳上的蚂蚱,得齐心协力,共同来解决这个问题。于是,以前的那些小摩擦、小矛盾也就不值得计较了。

在不同的情况下,"共同的假想敌"可能强大,也可能不明显,你在说服别人时,要懂得将小的"共同敌人"扩大,让对方感受到大大的的威胁,使其产生同仇敌忾的感觉。

当然,制造"共同的假想敌"也不是一件容易的事,最好考虑周全,让你的说法有理有据,同时,也要善于表演,否则有可能引起对方的反感。

——人—际—关—系—的—心—理—学——

对立的双方,如果能找到一个共同的敌人,哪怕这个敌人是假想的,也能消除彼此的敌意,唤起彼此的协作意识,从对立关系变为协作关系。

——为—人—处—世—的—潜—规—则——

第十一章

巧妙迎合，左右逢源

一个人在社会上行走，要想达到无往不胜、左右逢源的高超境界，首先要做一个受欢迎的人。要受人欢迎，自己首先要能够迎合别人，这样才能搞好人际关系。为此，一个人必须掌握说话办事的分寸和待人接物的技巧，这样才能做到左右逢源。

1

表现出喜欢对方的样子，对方就会喜欢你

王乐是某外企销售部门的一名干将，也是部门最有人缘的人。

她非常善于与客户打交道，无论对方年老还是年少，是男还是女，她总能在很短的时间内赢得对方的好感。因为这个原因，她的销售业绩提升很快，工作不到两年，便被提升为销售首席代表的助理。

后来，首席代表移民加拿大，便把自己大部分的业务交给她做，工作的第三年，她的业绩已远远超过了部门的其他人，成了部门的销售冠军。

像她这样的红人，在公司里遭到同事的妒忌与排斥应该很正常，但王乐成功地避免了这些，与同事的关系都不错。遇到什么事情，大家都乐意帮忙。

一次，一位朋友向她抱怨人际关系复杂、人情淡漠，并问她，“你怎么会得到那么多人的喜欢与帮助？”

“因为我喜欢他们。”王乐说。

“我不相信所有与你打交道的人你都喜欢。”朋友仍旧不解。

“但我会表现出喜欢对方的样子，这就够了。”

曾经红极一时的魔术师哈瓦德·萨史顿有句名言：“我由衷地喜爱我的观众们！”

这句话深含了值得我们学习的心理技巧，也就是“喜爱引起喜爱”。

人有一种很强的倾向，喜欢那些喜欢我们的人，即使他们的价值观、人生观都与我们不同。

心理学家的研究也证实了这一倾向。美国社会心理学家阿伦森曾向他的朋友们做过一个调查："为什么对一些伙伴比对另一些人更喜爱？"。得到的回答是各式各样的，"那些反过来也喜爱自己的人"是最典型的回答之一。

想想看，在这个世界上，一个人最爱的人是谁？恐怕大部分人都会回答"自己"。这也就说明，人的本性是以自我为中心的，或多或少都有一些自恋。于是，喜欢我们的人，也就成了我们喜欢的人。他不一定很漂亮，或很聪明，或者很有社会地位，仅仅是因为他很喜欢我们，我们也就很喜欢他们。这就是心理学上所谓的"相互吸引定律"。

为什么我们会喜欢那些喜欢我们的人呢？

从心理学的角度来看，原因有以下几点：

一是对方的喜欢让我们体验到了愉快的情绪。一想起对方，就会想起之交往时所拥有的快乐，使我们一看到他们，自然就有了好心情。

二是对方的喜欢满足了我们对尊重的需要。人与人交往，都希望获得他人的尊重。对方喜欢自己，通常会在言行中表示他们的尊重，这很令人欣慰。

三是对方的喜欢带给我们自信。在实际生活中，严格地讲，没有人是完全自信的，大多数人都是通过评价自己的成就和吸引力来判断自己的价值，调整自己的目标。因此，大多数人都特别需要别人的肯定。对方的喜欢就是对自己的肯定，有谁会不喜欢呢？

四是对方的喜欢让我们有"志同道合"的感觉。我们总是这样想，对方喜欢自己，就意味着对方认可我们的某些行为特征，意味着对方在某些方面与自己相似，喜欢与自己相似的人，这更是在情理之中。

因为上述种种原因，在社交场合，经常表现出对别人的喜欢，很容易赢得对方的好感。

在日常生活与工作中，为了更轻松更快地赢得他人的好感，我们不妨"表现出喜欢对方的样子"。

如果你是一名推销员，面对从未谋面的目标客户，不妨表现出对对方的喜欢，让对方也喜欢你，从而喜欢你推销的产品。

如果你是一名职场新人，初到一家公司，与性情各异的同事接触时，不妨表现出喜欢对方的样子，让他们在最短的时间内接纳你。

当然，这个规律也不是绝对的。有时人们也会遇到这样的情况，自己喜欢某个人，但这个人并不喜欢自己；相反，自己不喜欢某个人，但这个人却很喜欢自己。

遇到这种情况，不妨对自己喜欢而不喜欢自己的那个人，继续示以好感，对自己不喜欢而喜欢自己的人报以感激。你会发现，原先喜欢你的人更加喜欢你，原先不喜欢你的人也慢慢对你产生了好感。

这样一来，你的朋友会越来越多，你办事也会越来越顺。

——人—际—关—系—的—心—理—学——

“相互吸引定律”，人有一种很强的倾向，喜欢那些喜欢我们的人，即使他们的价值观、人生观都与我们不同。这也就说明，人的本性是以自我为中心的，或多或少都有一些自恋。于是，喜欢我们的人，也就成了我们喜欢的人。

——为—人—处—世—的—潜—规—则——

2

迎合对方的口味，异己也可成知己

一位日本议员去见埃及总统纳赛尔，由于两人的性格、经历、生活情趣、政治抱负相距甚远，总统对这位日本议员不大感兴趣。

日本议员为了不辱使命，搞好与埃及当局的关系，会见前对纳赛尔的个人资料进行了多方面的分析，最后决定以投其所好的方式打动他，达到会谈的目的。

下面是这位日本议员面见埃及总统时的谈话：

“尼罗河与纳赛尔，在我们日本是妇孺皆知的。我与其称阁下为总统，不如称您为上校吧，因为我也曾是军人，也和您一样，跟英国人打过仗。”

“唔……”

“英国人骂您是‘尼罗河的希特勒’，他们也骂我是‘马来西亚之虎’，我读过阁下的《革命哲学》，曾把它同希特勒《我的奋斗》作比较，发现希特勒是实力至上的，而阁下则充满幽默感。”

“呵，我所写的那本书，是革命之后，三个月匆匆写成的。你说得对，我除了实力之外，还注重人情味。”

“对呀！我们军人也需要人情。我在马来西亚作战时，一把短刀从不离身，目的不在杀人，而是保卫自己。阿拉伯人现在为独立而战，也正是为了防卫，如同我那时的短刀一样。”

“阁下说得真好，以后欢迎你每年来一次。”

这下，日本议员顺势转入正题，开始谈两国的关系与贸易，并愉快地合影留念。

日本议员成功外交的关键在哪儿？在于了解对方的性情、经历与喜好，迎合对方的口味。

迎合对方的口味不仅是一种外交手段，也是日常人际交往中颇为有效的交际技巧。

因为，几乎每个人都具有“顺毛驴”的脾性。

你是否有过饲养猫、狗的经历？想想看，如果你要与它们亲近，让它们乖乖地听你的话，你通常会怎么做？是顺毛轻轻地摸还是逆着毛狠劲地挠？

相信大家都会顺毛轻轻地抚摸。常常这时候，猫会眯起眼睛，发出满足的呼呼声；狗会高兴地摇尾巴，甚至回过头来舔你的手，答谢你的爱抚。

相反，如果你逆着毛胡乱地挠，猫狗肯定不听你的使唤，可能会不高兴地跑开，还可能突然反抗，狠狠地抓你咬你。

人其实也是如此，人们常常用“顺毛驴”来比喻一个人，就是指这个人喜欢别人顺着“毛”摸。

当然，人的“毛”和动物的毛不一样，人的“毛”是指一个人的性情、脾气、观念，也就是每个人心中的“自我”。

如果能顺着对方的性情、脾气、观念与之交往，不去违抗他，进而投其所好，他自然会喜欢你，反之，则可能不理你，甚而讨厌你。

细想日本议员与埃及总统的对话，日本议员就是把对方当作一个“顺毛驴”，投其所好。

会谈一开始，就把总统称作上校，表面上降了对方不少级别，实际上是为吹捧对方从上校到总统作铺垫；

提及“挨过英国人的骂”，本不是什么光彩事，但对于军人出身，崇尚武力，并获得自由独立战争胜利的纳赛尔总统听来，颇感荣耀；

以读过纳赛尔总统的《革命哲学》，称赞他的实力与人情味，并进一步称赞了阿拉伯战争的正义性，令总统心花怒放。

日本议员说的几句话，虽不多，但恰恰迎合了纳赛尔总统的口味，激发了他的荣耀感,使其从“不感兴趣”到“十分兴奋”,而至“大喜”。

显然,喜欢别人顺着自己的性情、脾气、观念说话,是人的本性。总统也不例外。

在生活中,人与人相处的好坏与难易程度,与彼此之间性情相同与否有很大的关系。通常,两人越相同,越容易相处;两人越不相同,越难以相处。因此,一般而言,与性格相投的人交往,更轻松;找情趣一致的人办事,更容易。

然而,我们常常不得不与“性”不同的人相处,求“习”不相近的人办事,仔细想来,也并不可怕,只要你了解对方的性格、习惯与观念,并在必要时加以迎合,就很容易赢得对方的好感,令其在不知不觉中受你的影响,甚至按你的意愿办事。

——人—际—关—系—的—心—理—学——

人人都有“顺毛驴”的心理,喜欢别人顺着自己的性情、脾气、观念说话,是人的本性。与人交往,如果能顺着对方的性情、脾气、观念,不去违抗他,进而投其所好,他自然会喜欢你。

——为—人—处—世—的—潜—规—则——

3

说出对方所期待的评价，让对方感觉“路逢知己”

在每个人的心中，都会有所期待。以正儿八经的语气，说出对方所期待的评价，可以快速缩短你与对方的心理距离。

小丽刚过三十，新调入一家单位。

刚到新单位，小丽就遇到了难题，分管她的部门副经理（负责招聘的是正经理）对她似乎很不欢迎，小丽每次和她打招呼，她总是爱答不理的，小丽百思不得其解。

有一次，小丽与同事们一起去吃午饭。同事间彼此询问年龄。小丽如实告知，大家很是惊讶，说她一点都不像是三十岁的人，看上去也就大学刚刚毕业。一个同事对小丽说："你与你们的部门经理一样大，她看上去至少比你……"说到这，这位同事似乎意识到什么，话说了一半就打住了。

小丽心里一惊。自己与部门经理同岁？的确，部门经理看上去比自己大好多。会不会是自己显得年轻，让部门经理看着不舒服？不过，她马上否定了自己的这一猜测，心想：部门经理的性格有些男性化，再说，她年纪轻轻，业绩一大堆，不会在意这个的。

一天，刚上班，小丽就听到同事的一阵惊呼。小丽一抬头，见一个人正走进办公室。"经理早！"听到同事们打招呼，小丽大吃一惊。是部门经理？定睛一看，还真是部门经理，常见的套装、提包，不过，发型变了，男式头变成了马尾巴，一晃一晃的，整个人看上去仿佛比平常年轻了七八岁。原来，部门经理戴了假发。

正当小丽吃惊地张大了嘴，部门经理朝她笑了笑。

她终于明白了，部门经理莫名其妙地不喜欢她，与她显得太过年轻有关。同时，她也得到一个信息：部门经理也与其他女性一样渴望年轻！

当天，小丽与部门经理在卫生间相遇了。迟疑了半天，小丽鼓足勇气对部门经理说："经理，你好有青春活力喔！"

部门经理听了，没吭声。小丽继续说道："要是走在街上，你还得当心马路求爱者噢。"部门经理一听，扑哧一声，笑了，说："再年轻，没你年轻啊！"小丽一愣，反应过来，答道："我妈说，像我这样是不成熟，做事让人不放心。"部门经理又笑了。

从那以后，小丽感觉，部门经理对自己的态度发生了明显的转变。

为什么部门经理对小丽的敌视情绪有所缓解？其实，道理很简单，因为，小丽了解她渴望自己看上去更年轻的期待，并做出了相应的评价。

每个人心中都是有期待的。即使是那些很成功、很富有，在外人看来，不缺少什么的人，也依然有他们的不如意。他们也会让普普通通人一样，期望自己在某方面更好，比如更富有、更年轻、更有魅力等等。我们身边普普通通的人自然也不例外。通常，一个人会不自觉地在外人面前隐藏自己的期待，人们并非觉得这是一个多大的秘密，只是觉得，自己的期待往往是不现实的、难以实现的，因而害怕说出来会引人嘲笑。但是，一旦旁人看出自己的期待之后，作出自己所期待的评价，自己就会心花怒放，甚至欣喜若狂。因此，对于那些看出自己期待的人，一般人非但不恼，反而会报以好感，甚至视对方为知己。

这也是为什么，只要给予对方他所期待的评价，就能令对方高兴，赢得对方的好感。

想想，如果女儿对父亲说："您是世界上最好的爸爸！"

当爸爸的，谁不愿在孩子心中有一个光辉的形象？即使离好爸爸的标准还差很多，听了这话，心里也会乐滋滋的。

如果老师对考了第二名的学生说："你该是第一名。"

当学生的，谁不想拿第一名？即使离第一名还差很远，听了这话，学生自然会对老师充满感激。

最擅长运用这一技巧的，当然还是那些出色的销售人员。

一般来说，他们只要把眼光停留在顾客身上几分钟，就能对顾客的年龄、职业、消费水平、衣裳型号等猜中八九。但是，在销售过程中，他们并不会实话实说。在判断他们试穿衣裳尺寸时，他们通常会对胖的减一号，瘦的加一号。

比如，一位很丰满的中年妇女顾客打算试穿衣裳，销售员明明知道她应该穿大号，但销售人员会拿一件中号的衣裳给她。顾客通常会立刻纠正销售员的判断，而销售员听后，便对她说："你看上去一点不像穿这个尺寸的人。"

顾客一听，心里一喜。想想能不喜吗？如果是胖子，他的期待不就是瘦一点吗？不就希望自己在别人眼里比实际更苗条吗？如果是瘦子，他的期待不就是胖一点吗？不就希望自己在别人眼里比实际更丰满吗？

因此，不论是胖子还是瘦子，都会想：这位销售员实在太了解我了。于是，高高兴兴掏出钱包，买了。

人—际—关—系—的—心—理—学

说出对方所期待的评价可赢得对方的好感甚或友谊。每个人心中都是有期待的。因为这样或那样的原因，人们会不自觉地在他人面前隐藏自己的期待，不过，一旦旁人看出自己的期待之后，作出自己所期待的评价，自己就会心花怒放，感觉路遇知己。

为—人—处—世—的—潜—规—则

4

适当地拍拍对方的马屁，融洽气氛

一家中型高科技企业面向市场招聘一名总经理特别助理，该公司规模不大但是潜力大、福利好，所以有许多硕士、博士等高学历人士前来应聘。

初审后，公司总经理亲自面试所挑选出来的应征者。由于不少应征者的表现都不错，所以一时难以取舍。当最后一名应聘者进来面试时，总经理已经很疲倦了。

“贵公司的装潢设计非常特别。”这个小伙子一坐下来，先说了这么一句话。

总经理本想打个呵欠，听到这句话，觉得有趣，抬起头来反问：“哦！你倒说说看怎么特别。”

小伙子说：“这位设计者着重实用，很聪明地运用不大的空间。所有的柜子、书橱都是隐藏式的。而且顾及员工的视力保护问题，很用心地设计灯光……”

原来，小伙子在等待面试时，就先和柜台的小姐聊天，得知这家公司的装潢全都是由总经理亲自设计，于是他仔仔细细、里里外外地观察装潢的优点，记在心里，以此为恭维总经理的素材。

总经理点点头说：“嗯！你很会观察。”

最后，这个小伙子被录取了。

小伙子为什么会被录取？

可以说，原因在于他以恰当的方式恭维了总经理。恰当地恭维总经理，一方面融洽了气氛，让总经理心情舒畅，对他徒增好感；另一方面也表明他已具备作为总经理特别助理所需要的善于观察、了解人心的职业素养。

喜欢听恭维话，这是人之常情。每一个人内心的最深处都渴望得到别人的肯定和尊重，恭维正好满足了人们的这种需求。想想现实生活中，这世界上，包括你的父母、老师、上司在内，有几个人不爱听甜言蜜语？再换位思考一下，如果是你，你会喜欢别人贬低你，让你难堪吗？你不也喜欢听别人夸奖你，对你说好听的话吗？

用口头语来说，恭维就是拍马屁，拍马屁是一种人与人之间的交流沟通方式。只要我们运用得当，就能取得意想不到的效果。

或许，有人会说，拍马屁乃小人所为，大丈夫光明磊落，不屑于干那种事。尤其是拍上司的马屁，让人感觉功利、卑贱。

其实，这种说法有些偏激。拍拍自己上司的马屁不过是给上司说几句好听的话，这有什么错？跟邻里见面时互相道好，你不也总在拍马屁吗？你说“今天你气色真好”、“这身衣裳最合适你这样苗条的人穿”诸如此类，都可以归为拍马屁，只不过这时你拍马屁是玩笑与善意，没有什么“不可告人”的企图，因此你与邻居都不觉得它是马屁而已。但它的确达到了马屁的效果，融洽交谈的气氛，增加彼此的好感。

在职场上，下属拍上司的“马屁”，实际上是一件很正常的事，谁敢说自己从来没有拍过上司的“马屁”？只要你的马屁拍得无伤大雅、恰到好处，上司高兴，你也受益，何乐而不为呢？

也许你会说，我有实力，我不需要通过“拍马屁”来获得提升，但是，你知不知道，“拍马屁”往往会让你提升得更快，大大降低你晋升的成本。

当然，拍马屁也不是那么简单的，还得讲究技巧，既不能恭维不足，也不能言过其实，流于谄媚。

有这么一则笑话：

有一个拍马屁的专家，连阴间的阎罗王都知道了他的姓名，他死后来到森罗殿见阎王，阎王一见到他便拍案大喝：“好刁猾的东西，听说你是拍马专家，专好拍人马屁。哼，我最恨像你这样的！”

那拍马专家赶紧跪地叩头说：“冤枉啊，冤枉，阎王爷有所不知，那些世间之人都喜欢别人拍他马屁，我不得不这样。如果世上之人都能像大王您这样明察秋毫，公正廉明，那我哪里还敢有半句恭维？”

阎王高兴了，直说：“谅你也不敢拍我马屁。”

阎王最害怕别人说他眼瞎、不公正，因此夸他明察秋毫，公正廉明，这样的马屁最能讨他喜欢。

可见，拍马屁能否成功的关键不在于拍的对象是什么样的人，而在于你是否研究了对象的心思，是否了解他内心的渴望。

如果对方是位商人，你不妨说他，肯定会财源广进，财运亨通；如果对方是位作家，你不妨说他笔底生花，才思敏捷，大作反响强烈。

总而言之，拍马屁一般没有坏处，只不过在拍之前，需要多多留意对方的职业、性格、心理。

人际关系的心理学

每一个人内心的最深处都渴望得到别人的肯定和尊重，恭维正好满足了人们的这种需求。用口头语来说，恭维就是拍马屁，拍马屁是一种人与人之间的交流沟通方式。只要运用得当，就能取得意想不到的效果。当然，拍马屁还得讲究技巧，既不能恭维不足，也不能言过其实，流于谄媚。

为人处世的潜规则

5

告诉对方“唯有你能”，对方果真就能

“小孙，你能帮我翻译一下这篇稿子吗？这礼拜就要！”一位科长问他隔壁部门的一位职员。

“以前都是小王帮我翻译，他英语基础好，动作也快，可惜他现在出差了。你们部门的小张也不错，不过他手头的活太多。”科长补充道。

“这礼拜？我恐怕要跟你说声抱歉。下星期一我有一个会议，必须准备一些相关资料。所以可能没时间为您翻译，小王不是过两天就回来了吗？我看根本不用找我嘛。”

“啊，我知道了，算了，不求你也罢！”

再来看看另一个故事。

一位富商要修建一座办公楼，但在资金上还有300万美元的空缺，他出入多家银行都没有贷到这笔款。

在所剩的钱仅够再花一个星期的时候，他约了一家银行的主管一起吃饭，席间，他直截了当地对银行主管说：

“我还需要300万元，明天我就要拿到贷款。”

“你一定在开玩笑，我们从来没有一天之内就能办妥这样的事的先例。”银

行主管答道。

“其实我认识的银行负责人有好几个，但我想了想，觉得除了你，没有谁有这么大的本事在一天之内办妥这件事。”富商很诚恳地说道。

银行主管一听，一愣，然后微微一笑，说：“你这可是在逼我上梁山啊，不过，我可以试一试。”

结果，这个富商在第二天拿到了这笔贷款。

同样是求人办事，一个因为不懂得人们的心理，不知将心比心，事情原本简单又容易，却没办成；一个因为了解人们的心理，进而以心攻心，让几乎不可能办成的事情也办成了。

在第一个故事中，明明很简单很容易办成的事情，小孙却予以回绝，想想看，是他真的挤不出一点时间吗？

多半不是，而是他的自尊心受了损，虚荣心没有得到满足。

因为，那个傻子科长，要请小孙帮忙，却一口一个小王好、小张不错。难免小孙会想，既然小王、小张不错，我不是“特别”的好，何必找我呢？

在第二个故事中，明明是几乎不可能的事情，银行主管却给办好了。这又是为什么？

道理很简单，因为“除了你，没有谁有这么大的本事”这句话让这位银行主管的虚荣心得到了极大的满足。

人人都有自尊心、虚荣心，每个人都希望得到别人的认同，都希望自己是“唯一”的、“特别”的。

诸如此类的“唯有你能”或“除了你，谁也不能”等字眼，往往让人的心理受到强烈冲击，让人产生一种被给予某种特别优待的错觉。

因为这种错觉，一个人的自尊心被激发了，虚荣心也得到了满足。虽然明知那是拍马屁，听起来也还是感到舒畅。

这也是为什么银行主管会竭尽全力，发挥自己的最大能量，硬是让不可能的贷款变为了可能。

在日常生活中，如果想要说服对方接受自己的观点，按照自己的意愿办事，不妨大方地使用这样的字眼。

比如，分派下属一项重大任务，你不妨有意无意地强调该项任务的艰巨性，说：“我想来想去，唯有你能……”，强调“非他莫属”。

让家人去做一件烦心的家务事，你不妨多多申明家务的难度系数，说："干这个活，你最拿手！"强调他的"独一无二"。

请求他人为你解决棘手的问题，不妨故意夸大对方的重要性，说："除了你，没有谁有这么大的能耐！"

请相信，任何人都可能在你有心设计的"特别"的光环中，特别为你办事，帮你办成"特别"的事。

人—际—关—系—的—心—理—学

人人都有自尊心、虚荣心，每个人都希望得到别人的认同，都希望自己是"唯一"的、"特别"的。诸如此类的"唯有你能"或"除了你，谁也不能"等字眼，往往让人的心理受到强烈冲击，让人产生一种被给予某种特别优待的错觉。正是这种错觉，令人为你办事，帮你办成"特别"的事。

为—人—处—世—的—潜—规—则

6

给对方戴高帽，让“不”变为“是”

清朝的一部名为《一笑》的书里，记载了这样一则笑话：

古时有一个说客，当众夸口说：“小人虽不才，但极能奉承。平生有一愿，要将一千顶高帽子戴给我最先遇到的一千个人，现在已送出了 999 顶，只剩下最后一顶了。”

一长者听后摇头说道：“我偏不信，你那最后一顶用什么方法也戴不到我的头上。”

说客一听，忙拱手道：“先生说的极是，不才从南到北，闯了大半辈子，但像先生这样秉性刚直、不喜奉承的人，委实没有！”

长者顿时手持胡须，洋洋自得地说：“你真算得上是了解我的人啊！”

听了这话，那位说客立即哈哈大笑：“恭喜恭喜，我这最后一顶帽子刚刚送给先生你了。”

这只是一则笑话，但它却有深刻的寓意，人人都喜欢被人赞美，被人恭维，自然对“高帽子”来者不拒。

“戴高帽”是博取好感、赢得支持的有效方法，是说服对方由“不”变为“是”的最有效也最省力的办法。

高帽子提升的是对方的能力与素质，反过来，它也提升了你在对方心中的地位。你恭维了对方,对方自然会更通情达理,更重视你,更乐于协力合作。

鲍尔温交通公司总裁福克兰,在年轻的时候因巧妙地处理了一项公司的业务而青云直上。其实,他所做的仅仅是给人戴高帽子而已。

当时他是一个机车工厂的普通职员,在他的建议下,公司买下了一块地皮,准备建造一座办公大楼。但有 100 户居民居住在这块土地上,搬迁遇到了问题。

居民中有一位爱尔兰的老妇人,首先跳出来表示反对。在她的带领下,许多人都拒绝搬走,他们抱成一团,决心与工厂一拼到底。

考虑到如果通过法律途径来解决问题,既费时费钱,又可能引发仇怨。福克兰建议工厂领导采取“以柔克刚”的计策。

一天,福克兰来到老妇人家门前,看见老妇人坐在石阶上。他故意在老妇人面前走来走去,心里好像在盘算着什么,一副忧心忡忡的样子,以引起老妇人的注意。

良久,老妇人开口发问:“年轻人,有什么烦恼吗?说出来,我一定能帮助你。”

福克兰趁机走上前去,与老妇人寒暄了一阵,然后说:“听得出来,您有很强的领导能力,实在是应该抓紧时间干成一番大事业的。听说这里要建造新大楼,您是不是准备发挥您的超人才能,做一件法官、总统都难以做成的事,引导您的邻居们,让他们找一个快乐的地方永久居住下去。这样,大家一定会记得您的好处的呀!”

第二天开始,这个强硬顽固的爱尔兰老妇人便成了全城最忙碌的人了。她到处寻觅房屋,指挥她的邻人搬走,并把一切办得稳稳妥妥。

就这样,居民搬迁的速度大大加快,工厂的搬迁费用也大大降低,办公楼很快便破土动工了。

有位学者说过:人性中最深切的禀质,是被人赏识的渴望。这点决定了人是最禁不住恭维的动物。即便是面对自己并没有多大把握的事情,人们也希望自己能够表现不凡。

心理学研究表明,绝大多数人是不自信的,他们的不自信不是由于天性的羞怯,也不是由于自身能力的不足,而是由于每个人都有理想,他们的理想基本上是那种不可能完全实现的远大抱负。同时,人又具有社会性,渴望社会的认可。一个人的理想与现实之间的差距越大，就越需要社会的认可来消除不安。

正因为这个原因，恭维所能发挥的功效通常比想象的还要大。如果你知道你的恭维对象，对自己的办事能力没有足够的信心，你更不应吝啬你的“高帽子”。

只要你的高帽子戴得合适，面对你的问题，哪怕棘手，哪怕他的能力有限，即便他心里还在想着“不”，他嘴里也会不由自主地说“是”，并且想尽办法去帮你解决。

人际关系的心理学

心理学研究表明，绝大多数人是不自信的。同时，人又具有社会性，渴望社会的认可。一个人的理想与现实之间的差距越大，就越需要社会的认可来消除不安。因为如此，恭维所能发挥的功效通常比我们想象的还要大，可博取他人好感、赢得支持，说服对方由“不”变为“是”。

为人处世的潜规则

7

期望一个人做什么，你就赞扬他什么

小文初到北方某城市打工，由于一时没有找到固定的工作，经济相当拮据。

转眼冬天就来了，为了取暖，小文去旧货市场买了一台二手的电热油汀取暖器。可惜没用两天，油汀就坏了。

没办法，小文只好去找附近的一位修理工为他修理。

修理工打开油汀，检查了半天，然后敲着油汀说："这玩意儿太旧了，线路、开关都烧坏了，我修不好。"

"你两下子就查出了问题，一看就很有经验，肯定能修好。"小文满怀希望地对修理工说。

修理工站起身来，盯着里边都上锈了的油汀，半天不出声。

"真的，从你的动作，就能看出你是修电器的高手。"小文又给修理工注射了一支强心剂。

也许以前没有被人这样称赞过，修理工有点不好意思了。

"我尽量给你想办法吧！"他说完，蹲下身，又开始捣腾那个刚被他判了死刑的油汀。

一个半小时之后，油汀修好了。

有人说：如果一个人以赞美的方式说出自己对对方的期待，这个期待就很容易实现。如果你想要某个人拥有某一方面的才能与特质，你就应该把他看成已经拥有了这方面的才能与特质，并且夸奖他。

每个人都是有潜力可挖的，然而，在很多时候，人们又是自卑的。人们总是担心自己的能力不足，害怕失败，即使是在自己想要从事的工作，也不敢轻易承诺。这时候，他需要的就是鼓励，别人的期待与信任就是对他最好的鼓励。

一个人，一旦感受了别人的期待，又接受了别人的赞美，他的自尊心、虚荣心、自信心就被激发了，哪怕事情再麻烦、自己的能力再有限，他也不愿看到别人对他的期望破灭，为了不辜负他人，为维护别人给自己的好名声、好形象，他会竭尽全力。

就像那位修理工，他对修好破旧的油汀原本没有信心，但小文就一个劲地夸奖他，说他有经验，是修理电器的高手。这样一来，修理工就会觉得自己不尽最大努力去修这个油汀就愧对了小文。于是，即使他还怀疑自己的能力，即使他知道这活会耗费他很多时间，他也不能从中挣多少钱，他也会去尽力去尝试。

“期望对方做什么，就赞扬他什么”，这话对管理者相当有用。

盲目地用空话、套话鼓励、褒奖下属，不会有多大的效果。上司总是给下属“很好”、“不错”“棒极了”等泛泛的鼓励、褒奖，下属不会有多少美好的感觉。

如果你期望下属拥有某方面的品行或才能，而下属偏偏没有，你大可不必泄气，你不妨公开地假设或宣称他已经有了你希望他拥有的那种品行与才能。

如果你希望对方有创意，不妨说，“我知道你很聪明、有创意，这个文案就靠你了。”

如果你希望对方能更快地胜任领导工作，不妨说“你天生具有领导才能，我相信在你的带领下，你们组能成为一流的团队。”

如果你希望对方具有非凡的协调能力，不妨“你的协调能力不错，这次的事故处理全权由你负责。”

给他们一顶高帽子，给他们一个好名声，让他们朝着你所期望的方向努力。

一旦他们通过努力取得了成绩，你更是要大力地表扬他们，告诉他们：

“我没看走眼，你的创意给人带来惊喜。”

“现在我放心了，你的领导能力并不比你的研发能力差。”

“你的协调能力比我想象的还好，完全可以独当一面了。”

——人—际—关—系—的—心—理—学——

一个人，一旦感受到他人对自己的期待、接受了他人的赞美，其自尊心、虚荣心、自信心就会被激发，就会竭尽全力去满足对方的期待。哪怕事情再麻烦、自己的能力再有限。

——为—人—处—世—的—潜—规—则——

8

故意请对方帮忙，让对方自觉重要，消除敌对情绪

回想一下，在过去的日子里，你是否曾向别人请求过帮助？这些人与你什么样的关系？是不是你喜欢的亲戚、朋友，或者友好的同事、邻居？相信肯定的答案居多。

下一个问题：你是否尝试着向一个对你抱有敌对情绪的人寻求帮助？不用说，肯定的答案很少。

一般人认为，向一个原本对自己抱有敌对情绪的人提出请求，无异于自找苦吃，结果只能是自讨没趣。

这种观点并非没有一点道理，不过，有点偏颇。

我们先来看看本杰明·富兰克林是如何做的。

富兰克林才华横溢，是位哲学家、政治家、外交家、作家、科学家、商家，发明家和音乐家，闻名于世。

当他还是一个年轻人的时候，他把所有的积蓄，都投资在一家小印刷厂里。他想办法使自己获选为费城州议会的文书办事员。这样一来，他就可以获得为议会印文件的工作，获利颇多，因此，他对文书办事员的职务很是看重。

可是，就在这时候，不利的情况出现了。议会中最有钱又最能干的议员之一，非常不喜欢富兰克林。他不但不喜欢富兰克林，还公开斥骂他。

富兰克林知道这将有碍于自己保留职务，因此，他下决心要使对方喜欢他。

但是，怎样做呢？给他的敌人一点点小惠？不可以，那样会引起他的疑心，甚至轻视。

富兰克林很聪明，自然不会做出这样的蠢事。于是，他采取了一个相反的办法：请求敌人来帮他一个小忙。

下面就是富兰克林自己的叙述：

“听说他的图书室里藏有一本非常稀奇而特殊的书，我就给他写一封便笺，表示我极欲一睹为快，请求他把那本书借给我几天，好让我仔细地阅读一遍。

“他马上叫人把那本书送来了。过了大约一个星期的时间，我把那本书还给他，还附上一封信，强烈地表示我的谢意。

“于是，下次当我们在议会里相遇的时候，他居然跟我打招呼，他以前从来都没有那样做过，并且极为有礼。自那以后，他随时乐意帮忙，于是我们变成很好的朋友，一直到他去世为止。”

一个请求，何以能改变一个人对另一个人的态度？

因为富兰克林的这项请求，很巧妙地表示出他对对方的知识和成就的仰慕。这样的请求，满足了对方的虚荣心，让对方自觉重要。

一个人如果对你怀有敌意，通常有两种情况：一是你比他能力强、资历老，并显示了自己的优越性，让他心生妒忌；二是他的能力比你强、资历比你老，但你却未对他表示应有的敬意。

归根到底，是你没有对他表示足够的尊重，没有对他的能力予以承认，没有让他自觉很重要。

在这样的情况下，请求对方帮助可以扭转这一局面。

你请求对方帮忙，把自己放在需要帮助的位置，就表示了你的尊重与认可，表示你承认他有比你强的地方，至少有你无法搞定而他能搞定的地方。

如果一个人，通过对方的言行，他感觉自己很重要，自身的价值与能力得到了认可，他会对对方心怀敌意吗？当然不会。哪怕这个“对方”，他曾莫名其妙地讨厌过。

——人—际—关—系—的—心—理—学——

一个人如果对你怀有敌意，通常有两种可能：一是你比他能力强、资历老，并显示了自己的优越性，让他妒忌；二是他的能力比你强、资历比你老，但你却未表示应有的敬意。归根到底，是你没有对他表示足够的尊重，没让他自觉很重要。在这种情况下，请求对方帮助可消除对方的敌意。

——为—人—处—世—的—潜—规—则——

9

诚恳地向对方取经，取到的肯定不只是经

一位大学生毕业生到一家食品制造公司应聘。应聘者很多，可谓高手如林，因此他几乎不抱什么希望。

面试时，他单独被公司总经理召见，在简短的自我介绍后，总经理突然问他："请问你有什么专长？你认为最适合在本公司担任什么职务？"

"事实上，我还未毕业，还不太了解自己的专长……我很想听听总经理您的意见，或者让我到公司里见习一下，看我适合做什么工作。"

听了这段话，总经理马上做了决定："这样吧，明天早上八点你来公司报到。"

就这样，这位大学生被录用了。

为什么前面那些应聘者，有的学位比他还高，口才也比他好，但却没有被聘用呢？

原来，这些人一开始便充满自信地夸耀自己的能力，不把总经理看在眼里，使得这位总经理心生反感。

而这位毕业生的一句"我不太了解，我很想听听总经理您的意见"就足以打

动总经理的心。

这句看似简单的一句话，其实它有双重效果，既能满足上司的优越意识，同时又能表现自己的谦虚谨慎。

在工作中，如果你虚心地向上司、同事甚至下属请教，你一定会看到令人惊喜的效果。

好为人师是人的天性。与人交往，谁也不愿单做一个被动的听众，睁着双眼看别人表演，支起耳朵听别人述说。人们通常都喜欢表现自己的思想与见解，若能充分展示自己的优越之处，心理上便可获得一种满足感。

如果我们表示自己的"不知"，向对方请教，就是给对方一个表现的机会，让对方感觉到自己的重要。同时，我们也传递了我们的欣赏、敬佩与赞美，这样，对方能不对我们心生好感、心存感激吗？

肯定会，而且也会很慷慨地伸出援助之手，就像下面这位大人物。

一个刚刚从乡下来的名不见经传的年轻人，很想成为富翁。他知道，单凭自己的力量，要成为富翁是异常艰难的。于是，他想方设法地去见了一位鼎鼎有名的大人物。

走进这位大人物的办公室，他说："我想请教您一下，如何才能成为像您一样的百万富翁呢？"

这位大人物听了这话之后，又诧异又高兴，耐心地和这个年轻人聊了起来。

此后，这位大人物便把年轻人介绍给当时的许多大人物。得到了这些大人物的帮助，这位年轻人如虎添翼，最终成为了一位培训界的百万富翁，他就是拿破仑·希尔。

向他人请教就像一本万利的投资，你投资的是尊敬、欣赏与敬佩，回报你的有他人的好感，还有实实在在的帮助。

不过，向对方请教，也并非在任何时候都只赢不输，如果你选择了错误的话题，也可能惹恼对方，光输不赢。

一位名叫麦克兰的工人就曾因不注意这一点而"失去过至少20份工作"。

在他刚参加工作时，他的发问技巧简直糟透了。他说："我丢掉了一个又一个工作，这完全是因为，在工头的眼里看起来，我懂得太多了，而我又总是特别喜欢问问题，很自然，我的问题只能使那些工头们难堪。很自然，我又丢掉了一份工作。"

当麦克兰发觉了他自己所犯的错误之后，他马上改正了自己的错误。他找到了一种可以对他老板所懂得的知识表示敬佩的问问题的方法。他问了一个他老板很内行的问题，很快就得到了一个满意而详细的答复。此后，他一直牢记问对方内行的问题，由此他得到了更多的帮助。在他人的帮助与自身的不懈努力之下，最终，他成为了国际闻名的炼铸技师。

请教对方内行的话题的确是一个好办法，这样，不仅让对方有说的冲动，也让对方有内容可说。结果，既显示出对方的知识渊博，也显示了你的敬佩与谦恭。

此外，请教对方有兴趣的话题也是一个好办法，对方有兴趣的话题自然容易引起对方的兴趣，滋生其对你的好感。

至于请教的形式，可以多种多样，关键是态度要诚恳。

比如，当上司向你交代一项重要的工作，你便可以恭恭敬敬地掏出笔记本和钢笔，记下他的关键指示。等上司交代完毕，再请他给你一些建议。

当同事业绩突出，受到了表扬，前去恭维他的才能，请教他的成功秘诀。对方正当心花怒放，自然慷慨解囊，同时对你心生好感。

当下属做出惊人的成绩，不妨真心实意地请教，这样既可为指导其他下属积累素材，也可鼓舞士气、赢得忠诚。

——人—际—关—系—的—心—理—学——

好为人师是人的天性。人们通常都喜欢表现自己的思想与见解，若能充分展示自己的优越之处，心理上便可获得一种满足感。向对方请教，可传递我们的欣赏与敬佩，让对方感觉到自己很重要，对我们心生好感、心存感激。

——为—人—处—世—的—潜—规—则——

第十二章

地低成海，人低成王

地不畏其低，方能聚水成海，人不畏其低，方能孚众成王。

世间万事万物皆起之于低，成之于低，低是高的发端与缘起，高是低的嬗变与演绎。低调做人正是一种终成其高、必成其大的哲学。深谙此一哲学的人方为大智之人，方成大价之身。

1

与其拙劣地罗列理由，不如毫无保留地道歉

一次，一位编辑把作者的手稿遗漏在了公共汽车上。因为那天下雨，车内人多拥挤，为了不让手稿被雨伞上的水弄湿，他将书稿袋放在了行李架上。

恰逢那几天他连日加班，很疲劳，随着车身的摇晃，他很快迷糊起来，突然听到售票员报站，恰好到站了，于是慌忙跳下了车。

下了车，他才猛然想起手稿还放在车上，虽多方联系、努力寻找，手稿还是没找到。

他沮丧地回到出版社，上司随后匆忙带上他一起去向作者赔罪。路上，上司对他说："记好啊，不要做任何辩解，只管低着头道歉就行了。过后再尽量努力把书稿挽救回来。"

到了作者家，他按照上司吩咐，满头大汗地一个劲地赔不是。

看到他的这副模样，那位作者也非常善解人意，大度地说："那篇稿子我本来也不满意，丢了正好，我再重写吧。"

人难免会有失误的时候，失误之后，与其拙劣地罗列理由，还不如坦承自身的过错，说一句"真的非常对不起"，这样更让人觉得有诚意。

相反，如果一个劲地找借口，或强词夺理，只会丧失别人对你的信任，惹恼对方。要知道，与最初的过失行为相比，任何企图掩盖过失的做法只能使问题更加严重。

一次，两方进行谈判，谈判开始时间安排在早上10点，不料，一方迟迟未来。直到10点30分，另一方的谈判代表才走了进来。

"啊！我来得稍微有些晚，真是抱歉啊！"他说，"虽说我似乎迟到了30分钟，但我真的没有迟到那么长时间。当我第一次到这栋大楼时，当时才9点55。但是，停车场的车位全被占满了。因此，我只得开着车四处找停车的地方。等我最后到达这个楼层时，接待处空无一人。我在那里等了10分钟，直到有人把我带到这间会议室。事实上，我根本就没有迟到。"

听了对方的这段独白，另一方一声未吭，起身离开了。

为什么另一方会离开呢？

因为对方明明迟到了，却试图否认，这让他生气，让他觉得这个人不够成熟，不足为信。

如果迟到的一方说："请原谅。非常抱歉，让你们久等了！我迟到太久了，快一个小时了吧？"也许事情结果会完全不一样，说不定对方会说："没关系！你也就迟到了半个钟头。"

毫无保留地为自己的过错道歉，承认自己有缺点，是获得对方的谅解、重新赢得对方信任的最佳办法。

如果你说："对不起，这事全怪我！"对方会把你的所作所为视为一种让步，一种希望得到对方回应的让步。你既然已经表示了让步，对方自然不会穷追不舍。

当然，并非所有的道歉都能达到应有的效果。道歉不是一种形式，只有发自内心、毫无保留的道歉才能让对方感受到你的诚意，达到你想要的效果。

1999年8月，时任美国总统的比尔·克林顿在电视上承认了自己与女秘书莱温斯基的不正当性关系。他承认自己提交给大陪审团的证词中存在一些不寻常的答复，同时他主动向美国人民道歉。

然而，15分钟后，他话锋一转，开始使用"但是"这个词。他随后用了同样长的时间来抨击特别检察官肯·斯塔尔。

结果，很多选民觉得他的这次道歉根本就不是发自肺腑的，纷纷谴责克林顿的做法。于是，克林顿总统不得不在随后的两个月里与宗教领袖频繁接触，借此来表达他的遗憾，同时请求他们给予宽恕。

在处理同事关系、家庭成员间的关系时，毫无保留地道歉常常也很必要。

就拿最简单的一件小事来说吧。

如果一个碟子被打破了，打破碟子的人不肯认错，还理直气壮地大骂："是谁把碟子乱摆在这里？"而摆碟子的人也不甘示弱地反驳："是我摆的，但你为什么不小心把它弄破了？"两个人彼此不认错，不肯退让，结果怎样？当然是坚持不下，大吵一架了。

如果不小心打破碟子的人，抱歉地说："对不起，是我疏忽打破了碟子。"而放碟子的人听到也会回答："这不全怪你，是我不应该将碟子放在那里。"彼此坦承自己的过失，互相礼让，自然，就不会吵架了。

人总会有失误的时候，学习尽量避免失误固然重要，学会在失误之后真诚地道歉也很重要。只有道歉，才能平息对方的怒气，消除对方的不信任感。

记住，当自己的过错而惹恼了对方，不要过多地解释什么，只管真诚地说一句"对不起"。

——人—际—关—系—的—心—理—学——

毫无保留地为自己的过错道歉，承认自己有缺点，是获得对方的谅解、重新赢得对方信任的最佳办法。对方会把你的道歉视为一种让步，一种希望得到对方回应的让步，自然不会对你的错误穷追不舍。

——为—人—处—世—的—潜—规—则——

2

主动示弱，轻松赢得对方的帮助

主动示弱，可以用来麻痹竞争对手，也可用来赢得友谊，获得帮助。

同事甲与乙，一同被派往北京出差。

这天早晨，因为与客户见面还有一段时间，他们便随意在路旁的餐厅里用早餐。要了早餐后，甲出去想买份报纸。

5 分钟后，他空着手回来了，一边摇头一边不住地生气。

“发生什么事了？”乙问。

甲回答道：“这里的人可真奇怪。我去街道对面的报摊买报纸，我给卖报的大爷一张 100 元的钞票。谁知道他不接钱，反而把我手里的报纸抢了过去。他居然还开口训我，说他只在不忙的时候才会为一份报纸给人找钱。”

两人用完早餐，甲仍对此仍愤愤不平。乙想了想，决定自己再去试一次。

于是，他走出餐厅，过街走到了报摊前。

当大爷抬头看他时，他故意吞吞吐吐说：“您好……打扰一下，我第一次来北京，人生地不熟，我需要一份《北京青年报》，可是我没有零钱，只有一张 100 元的钞票，您方便找钱给我吗？”

这时，意想不到的事情又发生了，那位卖报纸的大爷毫不犹豫地递了份报纸给他，并且对他说：“你先拿着，等你有零钱的时候再给我吧。”

相信，这样的结果不仅让当事人乙很吃惊，也让正在阅读本书的你很吃惊吧。

这说明了什么？

主动示弱是获得他人更多帮助、更多让步的秘诀。

从心理学的角度来看，这很好理解。因为同情并帮助弱者，是人的天性。当一个人自动在另一个人面前显示出弱势时，这“另一个人”就会觉得自己被尊重，产生一种自尊与满足，所以也就乐于助人，即使是需要牺牲自身的某些利益。

你若不信，我们再来看一个例子。

一个中年妇女经营一家小商店，常在一家冷饮批发商那进货。虽然她总在那进货，但因进货量不大，她总是无法以最优惠的价格批发到商品。

又一次，她请求批发商给予更多的优惠，批发商以她的进货量太小予以拒绝。最后，她一边掏钱，一边叹气，说：“要不是两个孩子读大学，太缺钱，我真不愿和你讨价还价。”

没想到，批发商一听，立马转变了态度，说：“你怎么不早说？好，以后不管你要多少，我都按最低价给你。”

不可否认，适当地示弱是一种有效的生存技巧。在工作上，你若项获得更多的帮助，不妨大胆地运用这一技巧，在权威人士、领导与同事面前示弱。

比如，对权威人士说：“我初初入行，经验不足，您是这方面的专家，请您多多赐教。”

再如，对领导说：“我考虑问题不够深入，您站得高看得远，看问题全面透彻，请多多指示。”

又如，对同事说：“这方面我是个新手，你比我懂得多得多，请你多指导我、提醒我。”

这样，权威人士会热心地指点你，领导会诚心地教导你，同事会主动地帮助你。有了这些指导与帮助，你的进步不就快了，机会不就多了吗?!

当然，你还可以把这一技巧运用到更广泛的地方。比如，机票柜台、百货公司、旅馆、个体商店。

到一家大型的书店去买书，时间有限，你可以去找售货员，对他说：“不好意识，对这类书的摆放位置，我一点也不熟悉，你能帮我找找吗？”

通常，售货员会答应你的请求，并很快找出你所需要的书。

到百货公司买东西，看到凌琅满目的商品，你不知道挑选什么合适，不妨向售货员请教："我对这类商品的性能不太清楚，您能否给我讲解一下？"

通常，售货员会很热心地向你介绍产品的差异，甚至给你介绍今年流行的产品并为你分析其原因。

——人—际—关—系—的—心—理—学——

同情并帮助弱者，是人的天性。因此，主动示弱能获得他人更多帮助、更多让步。因为当一个人主动在另一个人面前显示出弱势时，这另一个人就会觉得自己被尊重，产生一种自尊与满足，所以也就乐于助人，哪怕可能牺牲自身的某些利益。

——为—人—处—世—的—潜—规—则——

3

否定自己的论调，让反对者不再反对你

在东京迪斯尼乐园内抽烟的人出奇的少。去东京迪斯尼乐园，你会发现，园内好像没有烟灰缸。

“这儿禁烟吗？”如果你遇到那儿的职员，他们会回答你：“不，这儿不禁烟。吸也没有关系。但请不要乱扔烟头。”

环顾四周，找不到一个烟头。看上去清扫员在勤勤恳恳地回收垃圾和烟头，一般人都不好意思再往几乎是一尘不染的地面上乱扔烟头。

人的心理真是有些奇怪啊。

在日常生活中，这样的现象很普遍：禁令三令五申，却屡禁不止，甚至有人一犯再犯；禁令一旦撤销，竟然不知不觉，人人自觉遵守。

为什么会这样呢？

这是因为，人受到他人的指示或者命令时，在心理上会产生一种本能的反抗。因此，就对方不该干却故意要干，或应该干却故意不干的事情，故意进行相反的劝告往往会比较有效。

比如，你想要对方赞同你的观点，你不妨先否定自己的观点。

一对性格不合的姐妹，常常发生争论，有时候双方争论得面红耳赤，甚至争

论的重点已经不是原来的论点，而是为争论而争论。

有一次，姐妹俩又为两名男歌星——高仓健与周润发谁更具有男性魅力而争论不休。

姐姐认为高仓健更有魅力，冷峻深沉而又成熟。妹妹认为周润发更有魅力，果敢幽默而又不失温存。

双方正僵持不下时，姐姐突然发表了看似否定自己的论点，说："仔细想起来，周润发也有他独特的魅力，他看上去的确比高仓健温存。"

听了姐姐如此一说，妹妹也不再坚持己见，而是说："说实在的，我也觉得高仓健是一个有魅力的男人，他很含蓄。"

于是局面渐趋缓和，姐妹俩也嘻嘻哈哈言和了事。

事实上，在争论时，很多人并非以论据去反对对方，而往往是意气用事，为反对而反对。

如果一方劈头就说："你这样做不对。"对方一定会立即反感地说："不，我绝对没有错。"但是如果一方让步地说"也许我真的也有错"，另一方的"逆反心理"也许就会产生作用，说："不，其实我也有错。"

在生活中，我们难免会遇到与我们唱反调的人，如果这人很顽固、很好斗，你无法消除他的敌意，不妨先否定自己的论调，这样，他往往不好意思再攻击你，甚而反过来赞同你的观点。

巧妙运用这一心理战术于公司、家庭，往往能起到很好的效果。

在公司，如果你是一名管理者，对于效率低下的部下，如果你一味地严厉申斥或者唠唠叨叨，他们的效率是不可能得到提高的。"你不用这样拼命，其实也没有多大关系的。"你不妨偶尔这样对他们说上一句，或许，你这留有余地的话语反而会激发他们努力工作的积极性。

在家中，夫妻之间的规劝也是如此，一味地要求对方"勤理家、多赚钱"，往往会招致反效果。不妨偶尔说一声："注意休息，钱够用就行了。"这样一说，丈夫或妻子反而不会一场接一场地看球赛或一个接一个地看韩剧了。

如果你想让对方做什么，尤其是你不希望招致对方的反感的时候，你不妨试着若无其事地说上一句反话，这可以让对方在不知不觉中改变心态。

人际关系的心理学

人人都有逆反心理，受到他人的指示或者命令时，在心理上会产生一种本能的反抗。因此，就对方不该干却故意要干，或应该干却故意不干的事情，故意进行相反的劝告往往会比较有效。

为人处世的潜规则

4

表现出委屈的卑下姿态，消除对方的反感

人往往不大容易改变客观条件的强弱，当却可以通过示强或者示弱的方式来为自己争取最有利的位置。

越国国君勾践被吴国夫差打败以后，勾践作为亡国之君，不得不遵从吴王夫差的条件，怀着满腔的羞愧，带着送给吴王的宫廷美女及金银财宝，带着自己的王妃虞姐，去吴国做囚徒。

勾践一心想着复国报仇，不过，他深知，要想实现自己的夙愿，除了忍之外，还要以卑微博取夫差的同情和怜悯。于是，他掩藏起自己的仇怨，养马放牧，除粪洒扫，辛勤劳作，没有一丝怨恨之色。

一日，吴王夫差登上姑苏台，远远望见勾践和夫人端坐在马粪堆旁，心里便有了同情和怜悯之心。

他对太宰伯喜说“在这种穷厄的境地还能坚持，真不容易，我很敬佩他们。”

伯喜说：“不但可敬，更是可怜啊！”

夫差说：“太宰所言极是，我有些不忍心看了，倘使他们能改过自新，就赦免他们，让他们回国吧！”

一日，勾践听说吴王夫差有病，请求探视，此时恰逢吴王要大便，勾践便说：“臣在东海，曾跟医师学习过，观察人的粪便，就能知道人的病情。”

一会儿，吴王大便完毕，将桶拿到门外，勾践揭开桶盖，手取其粪，跪在地上尝了尝。左右都掩着鼻子。勾践又走到室内，跪下叩头说："囚臣敬贺大王，你的病一至三日就痊愈了。"

吴王夫差问："你怎么知道的？"

勾践说："臣听医师说，夫粪者，谷味也，顺时气则生，逆时气则死。今囚臣尝大王之粪，味苦且酸，正应春夏发生之气，所以知之。"

夫差大受感动，说："你真仁义啊！比我儿子侍候得还好。"

不久，夫差就送勾践回国了，这才有了后来的灭国之灾。

勾践何以赢得吴王的同情和怜悯，那就是卑下的姿态。

人生在世，不可避免，总有可能与这样或那样的人发生这样或那样的对立。发生对立的情况一般有两种：一种是对方地位高于你，你冒犯了他，让他感觉你的大不敬，心生怒气；另一种是对方地位低于你，你高高在上，让他感觉你的优越性，心生妒忌。

无论是哪一种情况，根源就在于对方在你的面前感受不到优越性。

向对方示弱，让对方表现得比你优越，是人际关系学中很关键的学问。

法国哲学家罗西法古有句名言："如果你要得到仇人，就表现得比你的朋友优越吧；如果你要得到朋友，就让你的朋友表现得比你优越。"

在很多时候，卑下的姿态才能消除对方的敌意，赢得认可、友谊或同情。

对方地位比你高，你表现出卑下的姿态，容易得到谅解、同情甚至怜悯。

对方地位比你低，你表现出卑下的姿态，容易消除敌意，得到认可甚至赞赏。

林肯就曾以这种方式消除了一个暴徒的怨气，从枪口下逃生。

有一次，一个暴徒拿着手枪对着林肯说："我曾下过决心，如果有一天遇到比我还丑的男人，我一定当场把他打死。"

没想到林肯不慌不忙地向那个暴徒承认，自己是一个丑男人，并对他说："你如果想打，就打吧！"

结果这个暴徒的气消了，自动离开了。

林肯依靠消除了暴徒的反感，脱离了危险？那就是他谦卑的态度。

面对他人的侮辱，一般人都会以牙还牙，恶语相加。而林肯则截然相反，他不仅没有威胁辱骂暴徒，反而坦然地承认自己是一个丑男人，以示卑下。就在他承认的瞬间，暴徒对林肯反感的所有理由都消失了。

试想，如果林肯在暴徒面前趾高气扬，结果会怎么样，只怕引起暴徒更大的反感，林肯也就没命了。

正如前面所说，对方产生反感时，其潜在心理就是，希望自己的优越得到认可。而一旦他发现对方比自己差时，便不再反感，甚而取而代之以同情、怜悯。

也就是说，当你面对一个反感你的人，不妨大胆示弱，放弃自己的优越性，让自己处于卑下的地位，这样，对方的怨气没了，反感没了，你也就被接受了，成了最后的赢家。

——人—际—关—系—的—心—理—学——

没有人会喜欢表现得比自己优越的人。向对方示弱，让对方表现得比自己优越，可消除对方的敌意，赢得认可、同情或赞赏，甚至友谊。

——为—人—处—世—的—潜—规—则——

5

主动承认自己的错误，巧妙避开对方的锋芒

相信有兄弟姊妹的人大都有这样的记忆，小时候被父母打得最多最狠的孩子往往不是犯错最多的，而是脾气最倔的。犯了错，却死不承认，父母越打越生气，越打越用力。

而那些屡屡犯错却能很快认错的孩子，反而挨打很少。在父母刚刚举起手甚至还未举起手时，他们就大喊“我错了”“我再也不这样了”，父母一听，气消了一半，心一软，也就不打了，即便打，也打得轻了。

可见，主动承认错误是平息对方怒气、软化对方态度的有力武器。

亚布拉罕·林肯曾说过这么一句话：如果你是对的，就要试着温和地、巧妙地让对方同意你。如果你错了，就要迅速而热诚地承认。这要比为自己争辩有效和有趣得多。

也许有人会认为，承认了错误即表示占了下风，岂不更吃亏，其实不然，因为如果你真错了，你在做检讨时，对方不忍再火上浇油，反而能宽容你的错误；如果你并没有错，但对方来势汹汹，你干脆承认自己错误，可巧妙躲开对方的锋芒。

王先生家的附近有条马路，是条单行道，他每天早晨骑摩托车上班，如果能取道这条路，可以省去不少路程。有时早晨这条马路人车较少，他便可以逆行。

有一天，王先生在路口遇上了交通警察，警察打个手势叫他停下来，责问道："这是条单行道难道你不知道？那么大的牌子立在路上。"

"是的，我知道，不过现在有点急事，从这条马路出来要快得多。而且，早晨车子少，我想不会有什么妨害。"王先生客气的回答。

"你想不会！交通规则可不管你怎样想。万一你撞上了十轮大卡车呢。现在我原谅你一次。下回再碰到的话，你带钱去把执照要回来。"

王先生连连点头表示服从。

可是有一天，他要赶着上班，于是又骑车驶进那条单行道，心想不会那么凑巧碰上交通警察。可是偏偏那么巧，刚出了那条街就碰上了，而且是上次的那位警察。

他知道这次闯祸了，所以没等警察开口，便先发制人。他说："警察先生，这次又抓到我，我承认错，无可狡辩，你上次警告过我，违反规则就要受罚。"

那位警察用温和的语气说："哦，早晨路上车子少，贪图个方便。"

"当然方便，但是这是违反交通规则的。"王先生说。

"早晨车子少，还不致发生意外。"警察笑了笑说。

"不，也许会撞上行人。"王先生又说。

"哦！你太认真了。这样吧，早晨七点半以前倒无所谓，我还没上班，不要再被我碰上。"

王先生的聪明之处在于：爽快地、坦白地承认对方绝对没错，自己绝对错了。因为他站在对方那边说话，对方反而为他说话，整个事情就在和谐的气氛下结束了。

试想，如果王先生要为自己辩护的话，最终的结局肯定会不一样。

人的心理真是奇怪，如果你有错，且错得离谱，不可原谅，但只要你主动认错，就能得到理解，还捞个"知错就改"的好名声。

相反，如果你有错，原本是小错，但你不承认，人们就会把你作为重点攻击目标，抓住你不放，甚至让你身败名裂。

在美国福特总统和卡特共同参加的为总统选举而举办的第二次辩论上，福特对《纽约日报》记者马克斯·佛朗肯关于波兰问题的质问，作了"波兰并未受苏联控制”的回答，并说“苏联强权控制东欧的事实并不存在”。

这一发言属明显的失误，当时便遭到记者立即反驳。不过，反驳之初，佛朗肯的语气还比较委婉，意图给福特以纠正的机会。

他说：“问这一件事我觉得不好意思，但是您的意思难道在肯定苏联没有把东欧化为其附庸国？也就是说，苏联没有凭军事力量压制东欧各国？”

福特如果当时明智，就应该承认自己失言并偃旗息鼓，然而他觉得身为一国总统，面对着全国的电视观众认输，绝非善策，于是继续坚持，一错再错，结果为那次即将到手的选举付出了沉重的代价。

刊登这次电视辩论会的所有专栏、社论都纷纷对福特的失策作了报导，他们惊问：“他是真正的傻瓜呢，还像只驴子一样的顽固不化？”

卡特也乘机把这个问题再三提出，闹得天翻地覆。

记住，如果我们知道免不了会遭受责备，不妨抢先一步，自己先认罪。

如果你知道某人想要或准备责备你，就自己先把对方要责备你的话说出来，那他就拿你没有办法了。十之八九他会以宽大、谅解的态度对待你，甚至于忽视你的错误。

——人—际—关—系—的—心—理—学——

主动承认错误是平息对方怒气、软化对方态度的有力武器。如果你知道某人准备责备你，就自己先把对方要责备你的话说出来。十之八九，对方会以宽大、谅解的态度对待你，甚至于忽视你的错误。

——为—人—处—世—的—潜—规—则——

6

适当示弱，是最高明的说服技巧

刘丽是一家日资银行客服部的职员，聪明、能干、自信但有点心高气傲。银行里等级森严，比她早来一年或两年的同事似乎有着很强的优越感，总是在她面前颐指气使。

刘丽在心里暗暗下决心，决定以成绩说话，她相信，只要自己把业绩做好了，就会得到客户总监的赏识。

同办公室还有一个杨云，也是刚来不久，也许是大学刚毕业，不谙世事，总是有许多问题。其他人多是各忙各的，懒得过问，唯有刘丽，每次杨云遇到难题，她总是毫不犹豫地伸出援手。以至于杨云经常在办公室发出这样的感叹："刘姐，你好厉害啊！"

因为勤奋，业绩也不错，还肯乐于助人，渐渐地刘丽开始美名远扬。半年后，几乎整个银行都知道客服部有个刘丽，虽然新来不久，做事却非常有能耐。

接下来是每年 10 月例行的人事调整，刘丽信心十足，就等着顶头上司亲口告诉她被提拔的好消息了。

可最后的结果出人意料，杨云荣升客户主任助理，刘丽原地踏步。

刘丽又惊又气，心里在问：我到底哪里做错了呢？

一天，办公室的一位同事主动约她喝咖啡，刘丽请她指出自己工作中的不足。“你太强了，所以大家都觉得你不需要提升。谁知道你坐上去之后会怎样呢？杨云就不一样啊。她可爱、柔弱，人人都愿意帮她。还有啊，提升杨云这样的人，至少不会妨碍自己的位置。”这位同事一语道破天机。

刘丽这才明白，自己表现出能力太强，反而害了自己。随后，她开始有意识地改变自己。她首先改变了自己万事不求人的做法，在工作中遇到困难，她会向同事们请教。同时，她逐步改变自己独来独往的习惯，在工作之余，有意识地与同事接触，故意将自己的弱点、缺点以及不为人知的“另一个自己”故意暴露给对方。

没过多久，刘丽的人际关系就有了很大的改善。此后，她更是谦虚谨慎，不再凡事逞强。

在第二年的综合评定中，她的“员工互评”分数竟出奇的高。

功夫不负有心人，两年后，刘丽很顺利地被提升为客户主任。

俗话说：“大树易折，弱草坚韧”，人心就是这样，对比自己强的人，往往心存戒备甚至敌意。因此，在职场，如果你总是强调自己的优势，千方百计地显示自己的高明，很容易引发对方的抵触情绪。

相反，如果你放低姿态，自曝其短，往往能够消除对方的戒备心，甚而打动对方，获得对方的认同与支持。

一家唱片公司倾尽全力塑造一位年轻的偶像男歌星，除了进行长期歌唱技巧训练之外，还安排了服装仪容训练、说话技巧训练，希望能够让这位新人一炮而红。

长期训练下来，新人果然成熟了很大，不再像刚出道那般稚嫩，上电视节目宣传时说起话来头头是道，可圈可点。服装仪容更是光彩夺目，看不出丝毫的瑕疵。

但是没想到，努力了两年，耗费了许多成本，却不见其成为偶像。

唱片公司老板百思不得其解，于是请了一位造型高手重新为他塑造形象。高手一出手，情况就不同了，短短不到几个月，新人就红遍了各地。

高手到底是用了什么特殊训练，让新人翻了身？

说穿了，高手不但没有再训练，反而停止了一些塑形课程。他拿掉了新人过多的包装，他要求新人恢复大男孩子原有的青涩模样，不要故作老成。于是，新人去除了包装，在舞台上说起话来朴素自然，有时结结巴巴，遇到了敏感的问题还会脸红，这副模样，让歌迷们很是心动。

其实，归根到底，新人打动歌迷的诀窍就在于示弱。

适当的示弱是一个颇为有效的人际交往法则。一个人懂得示弱的人，不管他有多么出类拔萃，但不会让人感觉威胁，不会让人妒忌，相反，他会赢得更多的赞美、关爱与友谊。

人在职场，有必要适当地在他人面前示弱，尤其是在上司面前。

上司通常都会“好为人师”，尤其是你的顶头上司，如果你比较弱，上司可能会当你是后进，教你、带你，但是当你的羽翼渐丰、爪牙渐利，威胁到他的利益的时候，上司的态度可能就会有改变。

这也是为什么有的职场新人会发现，突然有一天，对自己呵护有加的顶头上司突然对自己不冷不热的，甚至处处为难自己。

如果是这样，你就应该好好检讨检讨。是不是你说话不注意或者做事不小心，自视甚高、锋芒毕露，让上司感到了威胁？

如果真是这样，如果你希望一直被你的顶头上司爱护。你就应该放低姿态、适当示弱，时时把上司放在第一位。同时，你还应该小心地暗示他，你对他充满感激，你绝对忠诚，绝无二心。

——人—际—关—系—的—心—理—学——

对比自己强的人，人们往往心存戒备甚至敌意。在职场，如果你总是强调自己的优势，千方百计地显示自己的高明，很容易引发对方的抵触情绪。相反，如果放低姿态，自曝其短，往往能够消除对方的戒备心，获得对方的认同与支持。

——为—人—处—世—的—潜—规—则——

7

主动请求反感你的人给予批评，他反而会接受你

如果你的工作可能遭受他人的反感，你将怎么办？

相信方法会有很多，其中一个最简单的办法就是，请求这个反感你的人给予批评。就像少年李嘉诚那样。

如今的世界华人首富李嘉诚先生曾经做过推销员。有一次，李嘉诚进入一家酒楼推销铁桶，被老板毫不客气地拒绝了。

不过，李嘉诚并没有轻易认输。离开酒楼不远，他便重新思考对策。他很快就有了主意，于是，又转身重新回到酒楼。

再次见到老板后，不等对方开口，李嘉诚就抢先说："我这一次不是来推销铁桶的。我只是想向您请教，在我进贵店推销时，我的动作、言辞、态度等行为有什么不妥当的地方，请您指点迷津。我是个新手，又是晚辈，您比我有更丰富的经验，在商界您已经是成功人士了。我恳求您的指点，好让我改进。"

请求自己给予批评，原本对李嘉诚反感的老板大吃一惊，也为其所动。他一改拒人千里的冷漠态度，向李嘉诚提出了一些批评建议。最后，这位老板还改变主意，购买了李嘉诚的铁桶。

无独有偶，后来升任高露洁公司总裁的立特先生也曾使用类似的手法而大获成功。

立特先生最初是一名香皂推销员。当他开始为高露洁推销香皂时，订单接得很少。他常担心会失业。经过分析，他确信产品或价格都没有问题，他推断问题就出在自己身上。因此，每当他推销失败，他便会在街上走一走，想想什么地方做得不对，是表达得不够有说服力，还是热忱不足？

有时他会折回去，请求商家给予批评："我不是回来卖给你香皂的，我希望能得到你的意见与指正。请你告诉我，我刚才什么地方做错了？你的经验比我丰富，事业又成功，请给我一点指正，直言不妨，请不要保留。"

就这样，通过请求对方给予批评，立特先生赢得了许多珍贵的忠告、友谊，以及订单。

为什么呢？

因为，不论是李嘉诚先生还是立特先生，他们虚心向对方求教，请求对方批评的这一低姿态，传递了以下信息：

首先，我尊重您；

其次，我承认您比我强；

再次，我知道自己存在某些不足；

最后，我渴望得到您的指教。

试想，面对一个尊重自己、渴望得到自己指教、谦卑的人，你还会心生恶意、心存反感吗？

在现实生活中，我们难免会遇到反感自己的人。这个人可能是一个不相识的陌生人、一位交往不多的邻居、一个你必须天天面对面的同事，甚至你的某位亲戚。因为这样或那样的原因，他们不喜欢你，甚至讨厌你。

一旦他们对你不满，与之相处、共事，就会有很多困难。因此，你总得想办法消除他们的反感。

也许，对于他们反感的理由，你非常清楚。但也有很多时候，对他们的不满，你百思不得其解。

如果是第一种情况，消除反感便会容易一些。因此，办法有两个：一个是防止容易导致反感的言行再度发生，让对方的反感随时间的流逝而消逝；另一个是针对对方的反感，采取一些补偿性的措施，也许亡羊补牢，为时不晚，两人就此冰释前嫌。

如果遇到第二种情况，问题的解决会相对困难一些。因为不知道别人反感的理由，你就不知道在这些人面前，哪些行为得避免，什么样的补偿性措施会有效。

在这种情况下，直截了当地询问通常不会有结果，反而容易引发对抗。这时候，你不妨放低姿态，主动请求对方给予批评，指出你言行中的不妥。要知道，一个人对另一人反感，通常是对另一个人的某些言行持否定态度。

只有你心诚，对方就可能开口，一旦对方开口，他对你的反感也就消除了一半，同时，你也知道了自己的不足，对此有了对策。

——人—际—关—系—的—心—理—学——

放低姿态，主动请求反感你的人给予批评，指出你言行中的不妥。这样，对方将一反常态，不再反感你，还可能喜欢上你，进而帮助你。因为你请求对方给予批评，是接地向对方表示了你的尊重与谦卑。

——为—人—处—世—的—潜—规—则——

8

运用自嘲，可轻松搞好人际关系

《八千里路云和月》的主持人凌峰，有一回接受一个电视节目的邀请，做这个节目的特别嘉宾。

节目的主持人侯玉婷小姐介绍他出场。

当时只见凌峰摘下帽子，露出了发亮的光头，深深向观众一鞠躬后开口说："各位朋友大家好，在下凌峰。"说着转身向侯小姐说："侯小姐，我很高兴又见到您，而您是很不幸地又见到我了。"

主持人立刻回答："哪儿的话，请您谈一下作为一个名节目主持人的感觉好吗？"

凌峰说："我觉得我的先天的条件要比别人好，一些男性观众看到我都会觉得自命不凡（这时台下响起了掌声和笑声）。您看看，鼓掌的人都觉得自己长得比我帅！"

接着他又说："我是生长在台湾的山东人，南人北相，而且我看起来一脸的沧桑，似乎中国五千年的苦难都写在我的脸上了，所以大江南北的同胞都很欢迎我。"

主持人说："没有例外的嘛？"

凌峰回答："连少数民族都喜欢我，蒙古人喜欢我是因为我和他们一样都是单眼皮。西藏人喜欢我，即使我们的信仰并不同。您看，我这个长相，再披上件袈裟，像不像一个西藏喇嘛?”全场的观众大笑。

凌峰一出场就赢得了观众的笑声，秘诀在哪?在于他大胆自嘲。

自嘲，即自我嘲弄，就是要拿自身的失误、不足甚至生理缺陷来“开涮”，对丑处、羞处不予遮掩、躲避，反而把它放大、夸张、剖析，然后巧妙地引申发挥、自圆其说，取得一笑。

自嘲，作为一种幽默的表达方式，在社交中有特殊的表达功能。它可以营造欢悦的气氛，可以化解尴尬，可以拉近与别人的距离，可以消除对方的妒忌……

从心理的角度来讲，自嘲是一种幽默的生活态度，它表现的是自嘲者的低姿态，以及良好的修养，它不伤害任何人，相反，它体现了自嘲者的智慧，娱乐了大家。

常常，当我们陷入窘境时，逃避并非良方，你怒不可遏地反唇相讥只会遭到更多的嘲讽，不如来个超脱，自嘲自讽，反而显得豁达和自信，维护了面子不说，还堵住了别人的嘴巴。

某老师是广东人，普通话不过关，有一次上语文课，讲到某一问题要举例说明时，把“我有四个比方”说成了“我有四个屁放”，一时教室里像炸开了锅，学生笑得不可收拾。老师灵机一动，吟出一首打油诗：“四个屁放，大出洋相，各位同学，莫学我样，早日练好普通话，年轻潇洒又漂亮。”老师的机智幽默赢得了学生的热烈掌声。

此外，自嘲能营造一种良好的氛围，拉近自己他人的距离，甚至让你备受欢迎。通常，优秀的大人物自嘲可减轻妒意，无足轻重的小人物自嘲可苦中作乐。

某银行的柜台服务员能力出众，参加工作不久，便以灵活的人际关系手腕，和同事、客户打成一片。

这位服务员很快地就当选了公司的模范员工，接受表扬与奖金。

在表扬会上，银行总经理介绍他说：“他不但年轻有为，而且待人接物都值得我们学习，尤其是当你任何时候看到他，他脸上都挂着笑容，更是难得。现在请他讲几句话。”

该服务员很谦虚地谢过总经理，接过麦克风说：“谢谢总经理，也谢谢大家给我这个荣誉，我一定会努力，不辜负大家的期望。”

“不过，”服务员看了看底下的同事，忽然调皮的说，“如果我的脸上不摆着笑容，我的眼镜就会掉下来。”

在场的人听了都哈哈大笑，毫不犹豫地鼓起掌来。

无疑，这位服务员很懂得心理学，他资历尚浅就得奖，同事们多多少少会觉得不是滋味，但他的一番自嘲，消除了同事心理的不平衡。

适时适度的自我嘲笑，还可让不友善的气氛变得友善，让他人在尽可能短的时间内接纳你。

贝利在一家大企业公司的运输部门负责文书工作。当这个公司被另一个大公司合并以后，贝利就在人事变动的波流中沉浮不定。新来的同事似乎对他不大友善，直到有一天贝利运用了自嘲。“他们可不会把我革职。”他解释说，“什么事我都远远落在人后。”

贝利以取笑自己，使他的新同事和他一起笑，并帮助他建立友善合作关系。

当然，自嘲不是自我辱骂，不是出自己的丑。自嘲需要把握分寸。换句话说，自嘲时要超脱，但切忌尖刻，以避免让自己感到屈辱，让他人轻视你。

人—际—关—系—的—心—理—学

从心理的角度来讲，自嘲是一种幽默的生活态度，它表现的是自嘲者的低姿态，以及良好的修养，它不伤害任何人，相反，作为一种幽默的表达方式，自嘲在社交中有特殊的表达功能。它可以营造欢悦的气氛，可以化解尴尬，可以拉近与别人的距离，可以消除对方的妒忌。

为—人—处—世—的—潜—规—则